U0294714

图形图像制作 Photoshop

杨艺旋　主编

上海交通大学出版社
SHANGHAI JIAO TONG UNIVERSITY PRESS

内容提要

本书分为6课,以Adobe Photoshop CS6版本为范例,从基本操作出发,逐步讲解,理论与实践并进。各课都相应地配备了各种从简单到复杂的典型案例,便于学生融会贯通地掌握这些知识和技能。

本书可作为图形图像设计专业的教材,也可供图形图像设计工作者及爱好者参考使用。

图书在版编目(CIP)数据

图形图像制作 Photoshop / 杨艺旋主编.—上海:
上海交通大学出版社,2018
ISBN 978-7-313-20826-2

Ⅰ.①图… Ⅱ.①杨… Ⅲ.①图像处理软件 Ⅳ.
①TP391.413

中国版本图书馆CIP数据核字(2019)第001930号

图形图像制作 Photoshop

主　　编: 杨艺旋			
出版发行:上海交通大学出版社	地　　址:上海市番禺路951号		
邮政编码:200030	电　　话:021-64071208		
出 版 人:谈　毅			
印　　制:常熟市文化印刷有限公司	经　　销:全国新华书店		
开　　本:787 mm×1092 mm　1/16	印　　张:7.75		
字　　数:155千字			
版　　次:2018年12月第1版	印　　次:2018年12月第1次印刷		
书　　号:ISBN 978-7-313-20826-2/TP			
定　　价:58.00元			

序

中国高等职业教育经历了不平凡的发展历程，从高等教育的辅助和配角地位，逐渐成为高等教育的重要组成部分，成为实现中国高等教育大众化的生力军，成为培养中国经济发展、产业升级换代迫切需要的高素质应用型人才的主力军，成为中国高等教育发展不可替代的半壁江山，在中国高等教育和经济社会发展中扮演着越来越重要的角色，发挥着越来越重要的作用。

高等职业教育应该根据社会需求，培养高级技术应用型专门人才，因此，应该构建学生的知识、能力、素质结构三位一体的人才培养体系。对于如何以"应用"为主旨和特征构建人才培养体系，大部分高职院校都是通过拓展校内外实训基地、开展工学结合的方式来提升学生的职业技能。但是，高职院校的校内实践基地一般以"实训室"为主要形式。"实训室"不外两种：场景模拟和电脑模拟。由于受到场地、资金等原因的限制，往往场景模拟缺乏可行性，电脑模拟缺乏技术性，很多专业课程的职业能力并未得到很好的训练。而校外实训，很多高职院校在与企业签订好合作协议后，就把协议束之高阁，或者仅仅是开展一些诸如安排学生参观、短期实习、就业等浅层次的合作，校企合作还停留在表面，没有形成长期稳定、双向互动、运转良好的校外实践基地网，没有真正建设成可以满足实践需要的校外实践基地。

根据传媒艺术专业的特点，很多课程的职业技能训练不一定要局限于校内外实训基地，完全可以通过实践课业体系设计，直接把课堂作为技能训练、素质培养的场所，根据每门课程的特点设计课程实训模块和项目，通过实践课业训练，促使学生把专业理论知识转化为应用技能，把学生的职业能力培养真正落到实处。

为了提高课堂技能训练效果，我们组织编写一套实训丛书，本套丛书具有以下特征。

首先，针对性强。我们确定了丛书的读者对象为高等职业院校传媒艺术专业的专科生。编写丛书的作者都是从事高等职业院校传媒艺术专业教学多年的教师，具有丰富的教学经验，了解高等职业院校传媒艺术专业学生的学习基础。因此，本套丛书有利于教师因材施教。

其次，实践性强。实践课业是专业知识通向岗位技能的"桥梁"，课业训练使学生将理论知识运用到实践中去，让学生真正掌握课业技能。整个课程中，教师为课业指导而设计、编排课业，组织课业活动，学生为完成课业而学习专业知识、动手操作课业。因此，本套丛书有利于学生基本技能的训练。

最后，应用性强。强化综合职业能力训练，可以推进高职人才培养从"应试型"向"应用型"转变。实践课业体系通过各类课业的设计和训练，把学生所做的课业成果作为评估、考核依据，促使高职人才培养从"应试型"向"应用型"转变，为职业能力培养提供了有效途径。因此，本套丛书有利于学生职业能力的训练。

本套丛书的编写由上海市民办教育发展基金会的"上海市重点课题项目"提供经费支持，上海震旦职业学院王纯玉副校长担任主编，上海震旦职业学院传媒艺术学院张继平院长、姜超院长助理担任副主编，长期从事传媒艺术教育的教师参与丛书编写。我们希望这套丛书能得到相关学校老师与同学的喜爱，为传媒艺术专业高等职业教育的发展做出应有的贡献。

本套丛书的编写与出版得到了所有参编教师的鼎力相助，得到了上海交通大学出版社的大力支持，在此一并表示感谢。

王纯玉

2018年9月于上海震旦职业学院

前　言

　　时代在发展，社会对于设计师的要求也是越来越高，Adobe Photoshop也是数字图像处理软件的代表，它拥有卓越的图像编辑功能，在处理图像方面极具灵活性和控制力，把人们的想象轻松转换为设计现实。

　　"图形图像制作Photoshop"是设计专业必修课程，本书以Adobe Photoshop CS6版本为范例，从基本操作出发，并一步一步进行讲解，使学生从小案例到复杂案例开始学习，能够真正掌握Photoshop的操作。本书的宗旨是理论与实践并进，主要有两大特色：第一，案例新颖，知识点丰富，结合线上最前端的图像讲解知识点，吸引读者；第二，从简单到复杂，学生简单易懂，更容易掌握软件的运用，更容易贯通，灵活、敏捷地使用Photoshop对图像进行处理和设计，从而创作出更好的艺术作品。

　　平面设计是艺术设计的一个门类，它涉及社会、文化、经济、市场、科技等诸多方面的因素，其审美标准也随着这诸多因素的变化而改变。平面实际上是设计者自身表现能力、感知能力、想象能力的体现。作者以本书为教材的章节划定依据，并且希望能够系统教学，让学生不仅能够培养实际操作能力，也可以提高审美能力。

　　本书参考和选用了一些国内外的案例，由于设计的资料来自各个方面，恕不能每个都注明来处，也限于作者自身的水平，书中存在的错误和遗憾，希望大家能够批评和指正。

建议课时和安排　　　　　　　　　　　　　　　　　　　　　　**总课时：48**

章　　节	内　　　容	理　　论	实　　践
第1课	Photoshop的基本操作	2	2
第2课	Photoshop的工具介绍	2	6
第3课	图层知识的应用	2	6
第4课	图像调整和蒙版通道	2	6
第5课	滤镜的使用	2	6
第6课	综合案例	4	8

目　录

第1课 Photoshop 的基本功能介绍

本章主要介绍了Photoshop CS6的工作界面，以及现今涉及Photoshop软件的设计领域，重点是要了解Photoshop CS6的界面，其中难点为了解位图的特征，像素和分辨率的关系。

1.1 认识Photoshop

Photoshop是由ADOBE公司出品的图像处理软件，简称"Ps"，主要处理以像素所构成的数字图像。使用其众多的编修与绘图工具，可以有效地进行图片编辑工作。Ps涉及很多方面领域，比如图像、图形、文字、视频、出版等。ADOBE对Photoshop CS6的工作界面进行了改良，使界面看起来更合理，常用面板的单击和切换变得更加方便，下面就来详细介绍Photoshop CS6的工作界面的使用方法。

1.2 认识Photoshop CS6的工作界面

工作界面如图1-2-1所示。

菜单栏：包含可以执行的各种命令，单击菜单即可打开相应的菜单。

工具设置栏：设置工具的各种选项，会随着所选工具的不一样而改变相关内容。

工具箱：用于执行操作的各种工具。

面板：汇集了图像操作汇总常用的选项或功能。

文档窗口：显示和编辑图像的区域。

1. 菜单栏

菜单栏位于工作界面的最上方，是Photoshop CS6的重要组成部分，其中包括"文

图 1-2-1

件""编辑""图像""图层""文字""选择""滤镜""视图""窗口""帮助"10个菜单，如图1-2-2所示。每个菜单内都包含一系列命令，单击该菜单即可弹出相应的命令。在菜单中，不同功能的命令之间采用分割线隔开，如果该命令显示为浅灰色，表示它们在当前状态不能使用。

Ps 文件(F) 编辑(E) 图像(I) 图层(L) 文字(Y) 选择(S) 滤镜(T) 视图(V) 窗口(W) 帮助(H)

图 1-2-2

2. 工具箱

工具箱是Photoshop CS6中最常用的部分，其中包含了用于创建和编辑图像的工具和按钮，单击工具箱顶部的双箭头 ▶▶ ，可以将工具面板切换成单排或者双排显示。用鼠标左键单击工具箱上面的图标，即为选择该工具，单击鼠标左键长按工具图标，则会出现该工具的工具组面板，可从中选择需要的工具，每个工具图标后面显示的英文字母，是该工具的快捷键，如图1-2-3所示。

3. 工具设置栏

工具设置栏是用来设置工具的选项，它会随着选择工具的不同而改变选项内容。图1-2-4为选择画笔工具 ✔ 时显示的选项内容。

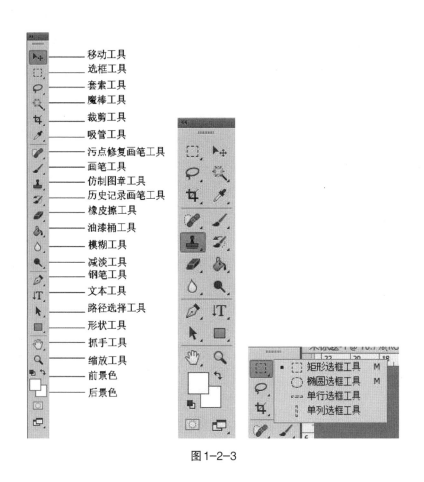

图 1-2-3

图 1-2-4

4. 面板

面板是用来设置颜色、各种工具参数，以及执行编辑命令。Photoshop CS6 中包含 20 多个面板，可以在"窗口"菜单中选择需要的面板并将其打开。在默认的状态下，面板都放置在窗口的右侧（见图 1-2-5），可以根据图像编辑需要，打开或者关闭面板。

5. 编辑区域

编辑区域窗口是显示、编辑处理图像的区域，如图 1-2-6 所示。单击一个文档的名称，即可将其设置为当前操作的窗口，在一个窗口的标题栏单击并将其从选项卡中拖出，它便成为可以任意移动位置的浮动窗口，鼠标拖动标题栏可以进行移动，拖动浮动窗口的一角，可以调整文档窗口的大小。

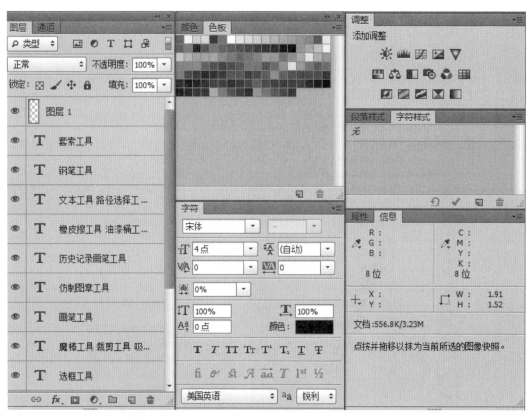

图 1-2-5

图 1-2-6

6. 状态栏

状态栏位于文档窗口的底部，作用是显示文档窗口的缩放比例和大小，当前使用工具等信息，单击状态栏中的按钮，可在打开的菜单中选择状态栏的显示内容，如图1-2-7所示。

图1-2-7

1.3　数字图像的基础

1. 位图与矢量图

（1）位图。位图又叫点阵图或像素图，计算机屏幕上的图像是由屏幕上的发光点（即像素）构成的，每个点用二进制数据来描述其颜色与亮度等信息，这些点是离散的，类似所谓的点阵。多个像素的色彩组合在一起就形成了图像，称之为位图。位图是由许多的小方格组成的，这些小方格叫作像素点，矢量图形与分辨率无关，可以将它缩放到任意大小和以任意分辨率在输出设备上打印出来，都不会影响清晰度，而位图是由一个一个像素点产生，当放大图像时，像素点也放大了，但每个像素点表示的颜色是单一的，所以在位图放大后就会出现马赛克状。计算机存储位图像实际上是存储图像的各个像素的位置和颜色数据等信息，所以图像越清晰，像素越多，相应的存储容量也越大，如图1-3-1所示。

图1-3-1

（2）矢量图。矢量图又叫向量图，是用一系列计算机指令代码来描述和记录图像，一幅图可以分解为一系列由点、线、面等组成的子图，它所记录的是对象的几何形状、线条粗细和色彩等。生成的矢量图文件存储量很小，常用于文字设计、图案设计、版式设计、标志设计、计算机辅助设计（CAD）、工艺美术设计、插图等。矢量图只能表示有规律的线条组成的图形，如工程图、三维造型或艺术字等；对于由无规律的像素点组成的图像（风景、人物、山水），难以用数学形式表达，不宜使用矢量图格式；矢量图不能制作色彩丰富的图像，绘制的图像不真实，软件之间互换数据不是很方便。另外，矢量图像主要是依靠设计软件绘制而成。矢量绘图程序定义（像数学计算）角度、圆弧、面积以及与纸张相对的空间方向，包含赋予填充和有特征性的线框，如图1-3-2所示。

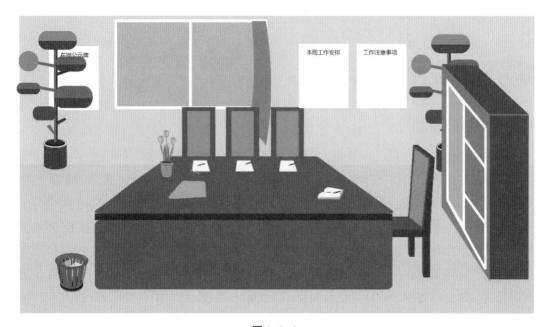

图1-3-2

2. 像素与分辨率

（1）像素与分辨率的概念。像素是构成位图的基本单元，当位图图像放大到一定程度时，所看到的一个一个马赛克色块就是像素色块的大小。位图图像所包含的所有像素总量称为图像的像素大小。

分辨率是指图像在水平和垂直方向上所容纳的最大像素数。例如分辨率为1 024×768的意思是水平像素数为1 024个，垂直像素数768个，其像素大小为1 024×768=786 432，约80万像素。ppi表示的是每英寸所拥有的像素数目，即在一个对角线长度为1英寸的正方形内所拥有的像素数。像素色块越小或者分辨率越高则ppi越大。屏幕分辨率大小决定图像显示的细腻程度。

（2）像素与分辨率的概念。在像素大小确定之后，分辨率越高，图像尺寸越小显示效果越好，反之，尺寸越大效果越差，摄像头像素是该摄像头的感光元件拥有多么大的总像素数，其分辨率一般与像素数相对应：30 W=640×480，向下支持320×240，100 W=1 024×768，向下支持720×480、640×480，130 W=1 280×1 024（虽然超过了

720 P，但这是非标准的高清分辨率），720 P=1 280×720（这个是标准的高清分辨率，最入门的，像素数92万），1 080 P=1 920×1 080（这个是标准全高清，像素数200万左右）。

　　虽然分辨率越高，图像质量越好，但这也只会增加其占用的储存空间，只有根据图像的用途设置分辨率的大小才能取得最佳效果。比如说图像是用于屏幕显示或者网络，可以把分辨率设置为72像素/英寸（ppi）；如果是喷墨机打印，则可以设置150～200像素/英寸（ppi）；如果是用于印刷的图像，可以设置为300像素/英寸（ppi）。

1.4　Photoshop CS6 文件格式

　　文件格式决定了数字图像的储存方式，在 Photoshop CS6 中用"文件→储存为"命令保存图像时，可以看到对话框中保存的图像格式，它主要包括固有格式（PSD）、应用软件交换格式（EPS、DCS、Filmstrip）、专有格式（GIF、BMP、Amiga IFF、PCX、PDF、PICT、PNG、Scitex CT、TGA）、主流格式（JPEG、TIFF）、其他格式（Photo CD YCC、FlshPix），如图 1-4-1 所示。

图 1-4-1

1. PSD 格式

PSD 是 Photoshop 默认的文件格式，它可以保存图像中的所有图层，路径，滤镜，蒙版等，方便下次打开文档时，可以随时进行编辑。PSD 是除大型文档（PSB）之外支持所有 Photoshop 功能的格式，其他 Adobe 软件，如 Illustrator、Premiere、After Effects 等都可以直接置入 PSD 文件。

2. BMP 格式

BMP 是最常见的位图格式，也是最通用的图像文件格式，是 WIN 系统的标准图像文件格式，它支持 RGB、索引颜色、灰度和位图颜色模式，但不支持 Alpha 通道。

3. EPS 格式

EPS 格式是一种通用的行业标准格式，它可以同时包含矢量图形和位图图形，几乎所有的图形和页面排版程序都支持该格式，印刷一般会用 EPS 格式，但是不支持 Alpha 通道。

4. JPEG 格式

JPEG 是由联合图像专家开发的文件格式。采用有损压缩方式，具有较好的压缩效果，但是将压缩品质数值设置得较大时，会损失掉图像的某些细节。JPEG 格式支持 RGB、索引、灰度、CMYK 和灰度模式，但不支持 Alpha 通道。

5. GIF 格式

GIF 格式文件较小，有利于网络传输，它是 Internet 上常用的一种图像文件格式，格式文件比较小，不支持 Alpha 通道网页上见到的图片多是 GIF 格式和 JPG 格式的，GIF 格式与 JPG 格式相比，优势在于可以保存动画效果。

6. PDF 格式

PDF 格式是一种灵活的、跨平台的、跨应用程序的文件格式。它可以精确地显示和保存字体、页面版式以及矢量和位图图形，而且还包含电子文档搜索和导航功能。支持 RGB、CMYK、索引颜色、灰度、位图和 Lab 颜色模式，不支持 Alpha 通道。

7. PNG 格式

PNG 格式作为 GIF 的无专利替代产品而开发的，用于无损压缩和在 Web 上的显示图像。与 GIF 不同，PNG 支持 244 位图像并产生无锯齿状的透明背景度。

1.5　图像色彩格式

1. RGB 颜色模式

这是 Photoshop 中最常用的模式，也被称为真彩色模式。在 RGB 模式下显示的图像质量最高。因此成了 Photoshop 的默认模式，并且 Photoshop 中的许多效果都需在 RGB 模式下才可以生效。RGB 颜色模式主要是由 R（红）、G（绿）、B（蓝）3 种基本色相加进行配色，并组成了红、绿、蓝 3 种颜色通道，每个颜色通道包含 8 位颜色信息，每一个信息是用 0 ～ 255 的亮度值来表示，因此这 3 个通道可以组合产生 1 670 多万种不同的颜色，所以在打印图像时，不能打印 RGB 模式的图像，这时需要将 RGB 模式下的图像改为 CMYK 模式。

2. HSB 模式

HSB 模式的建立主要是基于人类感觉颜色的方式，人的眼睛并不能够分辨出 RGB 模式中各基色所占的比例，而是只能够分辨出颜色种类、饱和度和强度。它主要是将颜色看作由色相（hue）、饱和度（saturation）、明亮度（brightness）组成。在这之中，这三个构成要素都描述了不同的意义，比如，色相指的是由不同波长给出的不同颜色区别特征，如红色和绿色具有不同的色相值；饱和度指颜色的深浅，即单个色素的相对纯度，如红色可以分为深红、洋红、浅红等；明亮度用来表示颜色的强度，它描述的是物体反射光线的数量与吸收光线数量的比值，单击颜色功能面板右上方的横向黑三角可以从弹出式菜单中选择 HSB 滑块。

3. CMYK 颜色模式

这也是常用的一种颜色模式，当对图像进行印刷时，必须将它的颜色模式转换为 CMYK 模式。因此，此模式主要应用于工业印刷方面。CMYK 模式主要是由 C（青）、M（洋红）、Y（黄）、K（黑）4 种颜色相减而配色的。因此它也组成了青、洋红、黄、黑 4 个通道，每个通道混合而构成了多种色彩。值得注意的是，在印刷时如果包含这 4 色的纯色，则必须为 100% 的纯色。例如，黑色如果在印刷时不设置为纯黑，则在印刷胶片时不会发送成功，即图像无法印刷。由于在 CMYK 模式下 Photoshop 的许多滤镜效果无法使用，所以一般都使用 RGB 模式，只有在即将进行印刷时才转换成 CMYK 模式，这时的颜色可能会发生改变。

4. 灰度模式

灰度模式下的图像只有灰度，而没有其他颜色。每个像素都是以 8 位或 16 位颜色表示。如果将彩色图像转换成灰度模式后，所有的颜色将被不同的灰度所代替。

5. 位图模式

位图模式是用黑色和白色来表现图像的，不包含灰度和其他颜色，因此它也被称为黑白图像。如果将一幅图像转换成位图模式，应首先将其转换成灰度模式。

6. 双色调模式

前面提过，在打印时都要用到CMYK模式，即四色模式，但有时图像中只包含两种色彩及其所搭配的颜色，为了节约成本，可以使用双色调模式。

7. Lab颜色模式

Lab颜色模式是Photoshop的内置模式，也是所有模式中色彩范围最广的一种模式，所以在进行RGB与CMYK模式的转换时，系统内部会先转换成Lab模式，再转换成CMYK颜色模式。但一般情况下，很少用到Lab颜色模式。Lab模式是以亮度（L）、a（由绿到红）、b（由蓝到黄）3个通道构成的。其中a和b的取值范围都是-120 ～ 120。RGB颜色模式的图像转换成Lab颜色模式，大体上不会有太大的变化，但会比RGB颜色更清晰。

8. 多通道模式

当在RGB、CMYK、Lab颜色模式的图像中删除了某一个颜色通道时，该图像就会转换为多通道模式。一般情况下，多通道模式用于处理特殊打印。它的每个通道都为256级灰度通道。

9. 索引颜色模式

这种颜色模式主要用于多媒体的动画以及网页上面。它主要是通过一种颜色表存放其所有的颜色，如果使用者在查找一种颜色时，这颜色表里面没有，那么其程序会自动为其选出一种接近的颜色或者是类似颜色，需要注意的是它只支持单通道图像（8位/像素）。

1.6 Photoshop的应用领域

1. 平面设计

平面设计是Photoshop最基础的应用领域，所有的VI系统、包装、手提袋、各种印刷品、写真喷绘、户外广告，包括企业形象系统、招贴、海报、宣传单以及发行量很大的图书或报刊都可以用 Photoshop 进行设计和制作，如图 1-6-1 所示。

图 1-6-1

2. 数码照片领域

影楼在拍摄照片时不再采用传统的胶片相机，取而代之的是数码相机，数码相机的照片可以直接导入计算机，通过图像软件进行全面调整，而 Photoshop 就是很好的一款软件，如图 1-6-2 所示。

图 1-6-2

3. 卡通插画领域

Photoshop 的绘画和调色功能非常丰富，卡通插画作者一般使用手绘板连接电脑，使用该软件进行线条绘制和填色操作，从而实现卡通和漫画的作品完成，如图 1-6-3 所示。

4. 网站美工领域

Photoshop 已经成为网站美工人员必须掌握的一门利器，其对网页设计的能力完全兼容互联网工作的要求，如图 1-6-4 所示。

图 1-6-3

图 1-6-4

5. 界面设计领域

界面设计是指使用独特的创意方法设计软件或手机软件的外观，达到吸引客户的目的。目前界面设计的主流软件仍是 Photoshop，如图 1-6-5 所示。

图 1-6-5

第2课　Photoshop 的工具介绍

Ps

本章主要介绍了Photoshop CS6的工具箱中工具的使用，以及各种案例，重点是要了解Photoshop CS6的工具箱所有工具的功能，其中难点为相关案例的学习，使用和熟练工具的运用。

2.1　Photoshop CS6 的基础操作

打开文件与储存文件

（1）打开文件。单击菜单栏中的"文件"按钮，执行"打开"指令，会弹出打开的对话框，选择想要打开的文件，单击"打开"按钮，即可打开文件，如图2-1-1所示。

图2-1-1

（2）存储文件。单击菜单栏中的"文件"按钮，执行"存储为"命令，会弹出"储存为"的对话框，选择所需格式，确定好存储区域，单击"保存"按钮即可，如图2–1–2所示。这里要注意的是，Photoshop 一般默认的保存格式是 PSD，如果保存 JPEG 图片格式，单击"保存"按钮之后，会弹出"JPEG 选项"对话框，可以对图像的品质大小进行选择，品质越大，图像越清晰。

图 2–1–2

（3）新建文件。单击菜单栏中的"文件"按钮，执行"新建"指令（见图 2–1–3），确定后文件大小后，单击"确定"按钮即可。

图 2–1–3

2.2 选区工具

基础选框工具

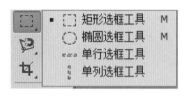

图2-2-1

图2-2-2

图2-2-3

（1）矩形选框工具。用鼠标左键长按选框工具，出现如图2-2-1所示的矩形选框工具，如果需要建立选区，单击鼠标左键不松开，拖动鼠标直至选区末端。按住Shift键，建立选区即可建立正方形选区。

（2）椭圆选框工具。用鼠标左键长按选框工具，就会出现如图2-2-2所示的选框工具。如果需要建立选区，单击鼠标左键不松开，拖动鼠标直至选区末端。按住Shift键，建立选区即可建立正方形选区，如图2-2-2所示。

（3）选区建立完毕后，将鼠标放在选区上，即可移动选区的位置。

（4）套索工具。单击套索工具，长安鼠标左键，即可看到有三种套索工具（套索工具，多边形套索工具、磁性套索工具），如图2-2-3所示。

① 套索工具。单击鼠标左键不放，在图像中勾画所需的选区，起始点与结束点相连接，即可完成选区，如图2-2-4所示。

图2-2-4

② 多边形套索工具。单击鼠标左键，在多边形图像中勾勒选区，同样是起始点和结束点相连接即可建立选区，如图2-2-5所示。

图 2-2-5

③ 磁性套索工具。单击鼠标左键，在需要建立选区的图像上，磁性套索工具会自动产生节点，吸附于图像上，如果出现节点偏离所选图像，按 Delete 键可以返回至上一个节点，起始点与结束点相连接，即可完成选区，如图 2-2-6 所示。

图 2-2-6

（5）快速选择工具和魔棒工具。

① 快速选择工具。单击鼠标左键不放，根据选区的大小，设置工具属性栏中的相关属性后，在图像中拖至选择对象，如图 2-2-7 所示。

② 魔棒工具。单击鼠标左键即可在对象上建立选区，如图 2-2-8 所示。

图 2-2-7　　　　　　　　　　图 2-2-8

（6）路径变换选区。

① 钢笔工具。单击鼠标左键新建锚点，沿着图像轮廓单击鼠标左键添加新锚点，当添加新锚点时，会看到一条方向线，鼠标左键单击方向线不放，可以调整路径是否与图像边缘吻合。起始锚点与结束锚点重合时，路径就会闭合，就会看到像线一样的轮廓区域（见图2-2-9），这时按住Ctrl+Enter组合键，路径就转换为选区，如图2-2-10所示。

图2-2-9　　　　　　　　　　　　　　　　　　　　图2-2-10

图2-2-11

② 形状工具。形状工具里有矩形工具、圆角矩形工具、椭圆工具、多边形工具、直线工具、自定形状工具，如图2-2-11所示。所有的形状工具可以在工具预设栏里选择形状或者路径，拖动鼠标左键拉出所需路径区域，如图2-2-12所示。

图2-2-12

（7）选区编辑。

① 任何选区都可以单击鼠标右键，单击反向，可以建立反向选区。

② 选区增加和减少。按住Shift键不放，同时拖动鼠标左键就是增加区域；按住Alt键不放，同时拖动鼠标左键是减少区域。

③ 全选和取消选区。按Ctrl+A组合键即可全选选区，按Ctrl+D组合键即可取消选区。

2.3　画笔和填充工具

1. 画笔工具

（1）画笔工具。最重要的就是工具属性栏（见图2-3-1），其中每个设置不同，画出来的效果会不同。安装手绘板驱动时，画笔预设呈现如图2-3-2状态时，说明安装成功。画笔工具的工具属性栏可以选择画笔的种类和大小，如图2-3-3所示；按住键盘的{和}（P旁边的括号）可以调整画笔的大小。画笔的颜色取决于工具栏里的前景色。

图2-3-1

图2-3-2

（2）铅笔工具。铅笔工具的设置同样也在工具属性栏中，但是和画笔工具之间的区别在于：画笔工具有硬度控制，就是边缘可以模糊，而铅笔工具，边缘是没有办法做到模糊的，只能调整透明度、大小和其他的形态，而没办法改变边缘的羽化效果。

2. 填充工具

（1）渐变工具。单击渐变工具按钮之后，出现如图2-3-4所示的对话框。根据自己的设计图像选择渐变的颜色和图案，并调整不透明度和色标属性，如图2-3-5所示。设置完毕后，在操作区域建立选

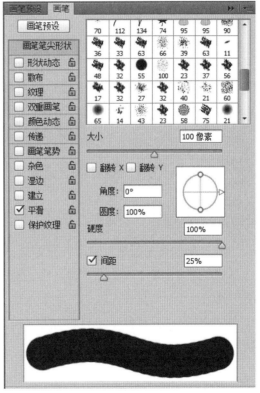

图2-3-3

区，在选区中间按住鼠标左键往上或者往下拖曳，即可完成渐变效果，如图2-3-6所示。渐变填充类型分为线性渐变和径向渐变，角度渐变，菱形渐变，对称渐变。

图2-3-4

图2-3-5

图2-3-6

（2）油漆桶工具。鼠标左键长按渐变工具，就会出现油漆桶工具，选择前景色，可以在选区内填充纯色，快捷键是Alt+Delete。

2.4 其他图像编辑工具

1.污点修复画笔工具

（1）污点修复画笔工具。打开图像，选择污点修复画笔工具，调整污点修复画笔工具的大小。然后在图像的污点上不断单击鼠标左键，达到修复污点的效果，如图2-4-1所示。

（2）修复画笔工具。修复画笔工具和污点修复画笔工具的功能不一样，要按住Alt键不放，然后用鼠标单击左键，之后在有污点的地方进行编辑，效果和污点修复画笔工具相似。

图2-4-1

（3）修补工具。需要在污点上建立选区，然后用按住鼠标左键往干净地方拖过去，松开即可，如图 2-4-2 所示。

图 2-4-2

2. 加深和减淡工具

（1）加深工具。在需要加深的图像上单击鼠标左键不放，进行涂抹即可。
（2）减淡工具。在需要减淡的图像上单击鼠标左键不放，进行涂抹即可。
如图 2-4-3 所示。

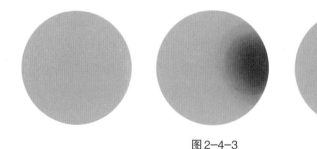

图 2-4-3

3. 模糊、锐化和涂抹工具

这三个工具使用方法相同，单击鼠标左键不放，在需要编辑的地方进行涂抹即可。

4. 仿制图章工具

单击仿制图章工具后，按住 Alt 键不放，在圆角点处单击鼠标左键，相当于把仿制的图复制到画笔上，然后在需要修复仿制的地方单击鼠标左键，可以反复几次，效果如

图2-4-4

图2-4-4所示。

5. 移动工具

单击选择移动工具后，可以单击鼠标左键不放移动对象位置，也可以按键盘上下左右键改变位置。

6. 抓手工具

单击选择抓手工具后，按住空格键盘不放，再单击鼠标左键不放并且移动鼠标，可以移动大视图时，图像的可视位置。

2.5 文本工具

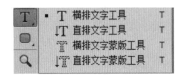

图2-5-1

（1）文本工具有横排文字工具，直排文字工具，横排文字蒙版工具，直排文字蒙版工具（见图2-5-1），文字工具设置栏如图2-5-2所示，可以设置文字颜色、字体、大小等属性，直接单击可以输入文字（见图2-5-3），图层面板如图2-5-4所示，单击右键可以栅格化文字，使文字图层变成普通图层，如图2-5-5所示。

图2-5-2

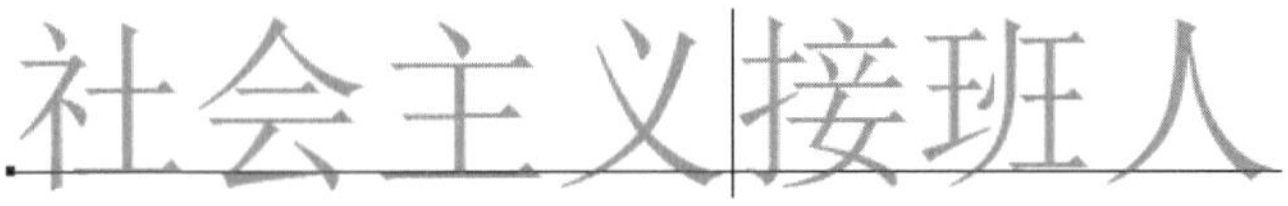

社会主义接班人

图2-5-3

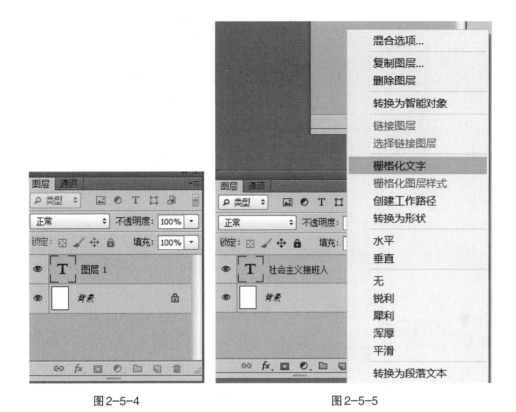

图2-5-4　　　　　　　　　　　　　　　　图2-5-5

（2）路径文字。可以使用钢笔工具或者形状工具绘制路径，然后单击文字工具，在路径上单击，输入的文字可随着路径的走向排列，如图2-5-6所示。

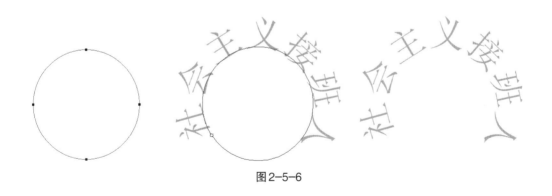

图2-5-6

（3）蒙版文字，单击蒙版文字工具，输入内容，然后再单击移动工具，即可产生文字选区效果，如图2-5-7、图2-5-8所示。

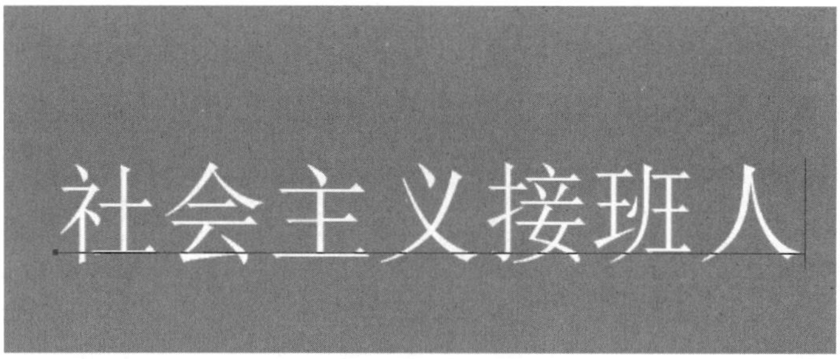

图2-5-7

社会接班人

图2-5-8

2.6 案例实践

公章制作

（1）设计要求。使用文字工具，路径工具，画笔工具制作公章，最终效果如图2-6-1所示。

图2-6-1

（2）制作步骤。

① 新建文件，名称为公章，尺寸为210 mm×210 mm，分辨率150，如图2-6-2所示。

② 单击选择椭圆形状工具，按住Shift不放，画出一个红色描边无填充的正圆，并栅格化图层，如图2-6-3所示。

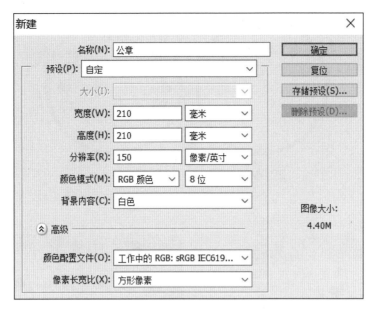

图 2-6-2

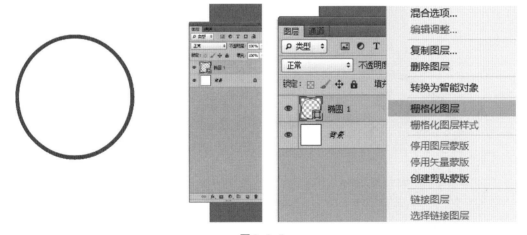

图 2-6-3

③ 用椭圆形状工具在正圆中建立一个路径（见图 2-6-4），并单击文字工具，沿着路径输入文字，效果如图 2-6-5 所示。

④ 单击自定义形状工具，在工具设置属性栏中找到软件自带形状，单击"添加"按钮，加载全部的形状，并单击"确定"按钮，如图 2-6-6 所示。

⑤ 加载全部形状之后，会看到形状库里多了很多形状，找到五角星形状，单击"选择"按钮，如图 2-6-7 所示。

⑥ 在圈中心按住 Shift 不放，拖曳鼠标拉出红色正五角星（见图 2-6-8），并在星下输入文字，图章完成，如图 2-6-9 所示。

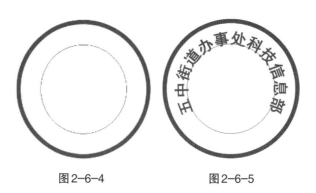

图2-6-4　　　　　　　　图2-6-5

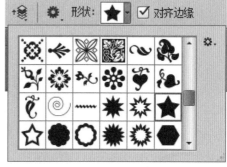

图2-6-7

图2-6-6

⑦ 做好图章后，可以把它储存至画笔预设里。单击菜单栏里的"编辑"→"画笔预设定义"按钮（见图2-6-10），弹出画笔名称后，把名称改成公章，单击"确定"按钮即可，如图2-6-11所示。

图2-6-8　　　　　　　　图2-6-9

图 2-6-10

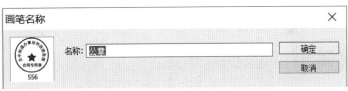

图 2-6-11

⑧ 定义好画笔后，即可在画笔预设里找到公章，并单击鼠标左键选择公章画笔（见图 2-6-12），即可在图像上随意单击出图章效果，如图 2-6-13 所示。

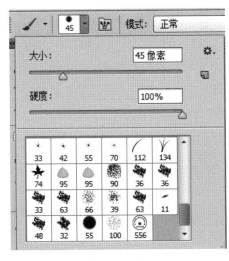

图 2-6-12

图 2-6-13

第3课 图层知识的应用

Ps

本章主要介绍了Photoshop CS6的图层的应用知识，重点是要了解Photoshop CS6的图层样式、图层模式以及案例的应用，其中难点为相关案例的学习，使用图层和工具的制作图形。

图层的基本知识

1. 什么是图层

图层是来自动画创作的概念，绘制动画是需要分层，所有的角色和背景包括物件，都是画在赛璐珞纸（一种透明纸张）上，这样方便动画师最后的合成。Photoshop就是参照了使用透明纸进行绘图的思想，使用图层将所有的图像分层，将每个图层理解为一张透明的纸，将图像的各部分绘制在不同的图层上。透过这层纸，可以看到纸后面的东西，而且无论在这层纸上如何涂画，都不会影响到其他图层中的图像，也就是说，每个图层可以进行独立的编辑或修改。Photoshop CS5以后的版本新增了图层混合模式和不透明度两种功能，可以将两个图层中的图像通过各种形式很好地融合在一起，从而产生许多视觉效果。图层可以看作是一张独立的透明胶片，其中每一张胶片上都会绘制图像的一部分内容，将所有胶片按顺序叠加起来观察，便可以看到完整的图像。

2. 图层的特征

Photoshop中的图层具有多种特性，分别如下：

（1）独立。图像中的每个图层都是独立的，当移动、调整或删除某个图层时，其他图层不受任何影响。

（2）透明。图层可以看作是透明的胶片，未绘制图像的区域可以查看下方图层的内容。将众多的图层按一定顺序叠加在一起，便可得到复杂的图像。

（3）叠加。图层由上至下叠加在一起，并不是简单的堆积，而是通过控制各图层的混合模式和选项之后叠加在一起的，这样可以得到千变万化的图像合成效果。

3. 怎样编辑图层

编辑图层（见图3-1-1）。

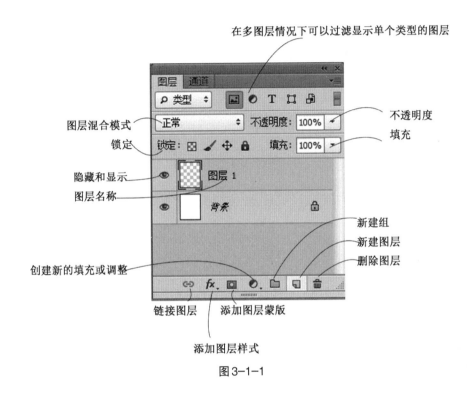

图3-1-1

（1）删除图层。最先新建文件或者打开图像时只会看到图层面板只有一个图层，单击下排的为新建图层，如果把图层单击鼠标左键不放拖曳至垃圾桶图标即为删除图层（也可以选择该图层后，按Delete即可）。

（2）隐藏和显示。每个图层前面都有一个眼睛标志，单击此标志可以隐藏图层，隐藏后再单击一次即可显示。

（3）新建图层。单击新建图标时即可新建图层。如果需要复制图层，单击需要复制的图层，按住鼠标左键不要放拖曳至新建图层的图标也可。

（4）图层名称。新建图层时，系统默认名称时"图层1""图层2"，双击图层的名称，即可修改图层标题。

（5）锁定。在该选项组中可以指定需要锁定的图层内容，其中包括锁定透明像素、锁定图像像素、锁定位置和锁定全部。

（6）图层混合模式。可以选择不同的混合模式，以决定当前选择图层的图像与其他图层的图像混合后的效果。

（7）链接图层。选中两个以上图层，单击此按钮，可以创建图层的链接。

（8）添加图层样式。单击此按钮，可以选择样式应用于当前工作图层，从而达到图像特效。

（9）添加图层蒙版。单击此按钮，可以为当前选择图层添加一个图层蒙版。

（10）创建新的填充或调整。单击此按钮，会弹出菜单，从中选择某选项可以创建一个需要填充图层或调整图层的。

（11）新建组。单击此按钮，可以新建一个图层组。

（12）删除图层。单击此按钮，可删除当前选择图层，也可以选择图层后，按Delete删除。

（13）不透明度。可以设置图层的整体不透明程度。

（14）填充。与不透明度相似，可以设置图层不透明度。

在图层面板中，以蓝颜色背景显示的图层表示正处于选中状态，此时可对其内容进行修改或编辑，称之为当前工作图层，按住Ctrl+E即可向下合并图层。

4. 图层样式

Photoshop CS6的图层样式里有10种不同的效果。可以自定义设置，也可以默认设置，为图像添加各式各样的效果，更美化自己的设计，图3-1-2为图层样式面板。

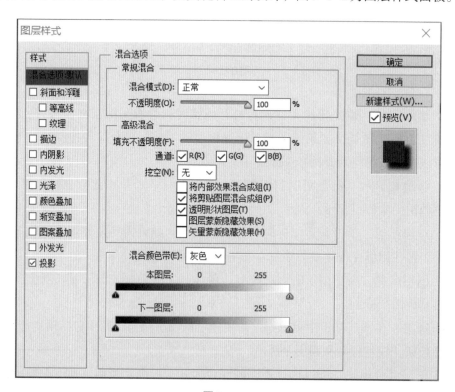

图3-1-2

（1）投影。为图像添加阴影效果，如图3-1-3所示。

图3-1-3

（2）内投影。用于为图像添加内阴影效果，使图像具有凹陷效果，那些碎鸡蛋、人体裂痕的制作都少不了它，如图3-1-4所示。

图3-1-4

（3）外发光。为图像增加发光效果，在对话框中可以设置两种不同的发光效果，即纯色光、渐变色光。在适当参数下可以发出黑色光（需要将混合模式设置为正片叠底），如图3-1-5所示。

图3-1-5

（4）内发光。为图像增加内发光效果，对话框与设置外发光相同，如图3-1-6所示。

（5）斜面和浮雕。为图像添加立体感。浮雕效果之内斜面会常用，记得在处理字体是选择"雕刻清晰"就好了。外斜面制造隆起，外斜面的隆起是基于背景使对象抬升。浮雕效果则是在对象内部制造立体感。枕状浮雕可能是真正意义上的浮雕，它的最高点与背景相同的，如图3-1-7所示。

图3-1-6

（6）光泽。用于创建光滑的磨光或金属效果。如果事金属效果的制作，把"光泽"样式的参数调整好，配合"渐变"样式完全可以快速解决，如图3-1-8所示。

（7）颜色叠加。颜色叠加效果，可以给字体或者对象变色，如图3-1-9所示。

（8）渐变叠加。可以为图像叠加渐变效果，如图3-1-10所示。

（9）图案叠加。可以在图层上叠加图案，如图3-1-11所示。

图3-1-7

（10）描边。图层样式里的描边比"编辑"里

图3-1-8

图3-1-9

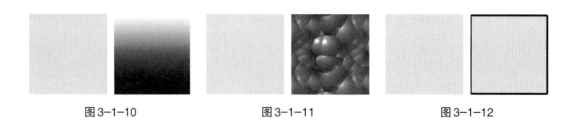

图3-1-10　　　　　　　图3-1-11　　　　　　　图3-1-12

面的描边功能强大，图案、渐变、颜色都可以设置为描边，如图3-1-12所示。

5. 图层模式

选择一个图层后，单击"图层"面板顶部的按钮，在打开的下拉菜单中可以为该图层选择一种混合模式，如图3-1-13所示。混合模式是用于设定当前层与其下方图层叠加方法的一种非常重要的功能，它能够改变图像的显示效果。比如在默认状态下（"正常"模式），位于上层的图像会遮挡住下层图像。

图3-1-13

正常：上方图层完全遮住下方图层。

溶解：如果上方图层具有柔和的关透明边缘，选择溶解可以建立像素点状效果。

变暗：两个图层中较暗的颜色会作为混合的颜色保留，比混合色亮的像素将被替换，而比混合色暗像素保持不变。

正片叠底：整体效果显示由上方图层和下方图层的像素值中较暗的像素合成的图像效果，任意颜色与黑色重叠时将产生黑色，任意颜色和白色重叠时颜色则保持不变。

颜色加深：选择该项将降低上方图层中除黑色外的其他区域的对比度，使图像的对比度下降，产生下方图层透过上方图层的投影效果。

线性加深：上方图层将根据下方图层的灰度与图像融合，但是此模式对白色无效。

深色：根据上方图层图像的饱和度，然后用上方图层颜色直接覆盖下方图层中的暗调区域颜色。

变亮：使上方图层的暗调区域变为透明，通过下方的较亮区域使图像更亮。

滤色：该项与"正片叠底"的效果相反，在整体效果上显示由上方图层和下方图层的像素值中较亮的像素合成的效果，得到的图像是一种漂白图像中颜色的效果。

颜色减淡：和"颜色加深"效果相反，"颜色减淡"是由上方图层根据下方图层灰阶程序提升亮度，然后再与下方图层融合，此模式通常可以用来创建光源中心点极亮的效果。

线性减淡：根据每一个颜色通道的颜色信息，加亮所有通道的基色，并通过降低其他颜色的亮度来反映混合颜色，此模式对黑色无效。

浅色：该项与"深色"的效果相反，此项可根据图像的饱和度，用上方图层中的颜色直接覆盖下方图层中的高光区域颜色。

叠加：此项的图像最终效果最终取决于下方图层，上方图层的高光区域和暗调将不变，只是混合了中间调。

柔光：使颜色变亮或变暗让图像具有非常柔和的效果，亮于中性灰底的区域将更亮，暗于中性灰底的区域将更暗。

强光：此项和"柔光"的效果类似，但其程序远远大于"柔光"效果，适用于图像增加强光照射效果。

亮光：根据融合颜色的灰度减少比对度，可以使图像更亮或更暗。

线性光：根据事例颜色的灰度，来减少或增加图像亮度，使图像更亮。

点光：如果混合色比50%灰度色亮，则将替换混合色暗的像素，而不改变混合色亮的像素；反之如果混合色比50%灰度色暗，则将替换混合色亮的像素，而不改变混合色暗的像素。

实色混合：根据上下图层中图像颜色的分布情况，用两个图层颜色的中间值对相交部分进行填充，利用该模式可以制作出对比度较强的色块效果。

差值：上方图层的亮区将下方图层的颜色进行反相，暗区则将颜色正常显示出来，效果与原图像是完全相反的颜色。

排除：创建一种与"差值"模式类似但对比度更低的效果。与白色混合将反转基色值，与黑色混合则不发生变化。

色相：由上方图像的混合色的色相和下方图层的亮度和饱和度创建的效果。

饱和度：由下方图像的亮度和色相以及上方图层混合色的饱和度创建的效果。

颜色：由下方图像的亮度和上方图层的色相和饱和度创建的效果。这样可以保留图像中的灰阶，对于给单色图像上色和彩色图像着色很有用。

亮度：创建与"颜色"模式相反的效果，由下方图像的色相和饱和度值及止方图像的亮度所构成。

6. 图层样式的实际操作实例

（1）制作玉佩。制作玉佩材质最重要的是上面的色泽和光感，利用图层样式制作

（浮雕，内阴影，投影）简单的玉佩，如图3-1-14所示。

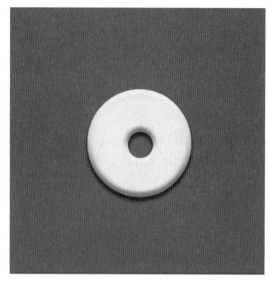

图 3-1-14

制作过程：

① 新建文件，设置参数如图3-1-15所示。

图 3-1-15

② 将背景色设置为#72878f，如图3-1-16所示。

③ 在画布中用椭圆形状工具画一个正圆，颜色设置为#d6f8e0，如图3-1-17所示。

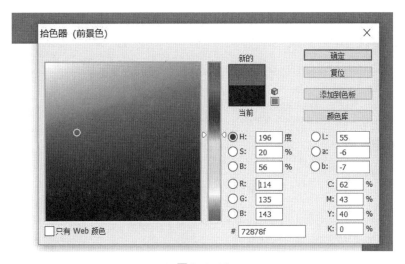

图3-1-16

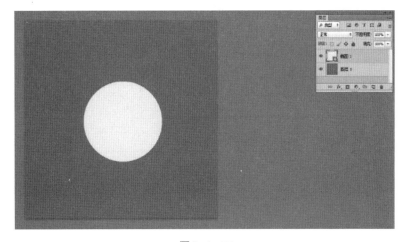

图3-1-17

④ 在椭圆形状工具状态下在工具设置栏里找到布尔运算，并单击之减去顶层形状如图3-1-18所示，然后在圆圈按住鼠标左键不放，按住Shift不放即可减去中心（操作时先按鼠标左键再按住Shift）如图3-1-19所示。

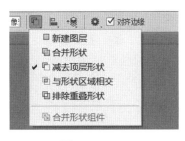

图3-1-18

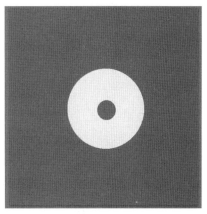

图3-1-19

⑤ 给圆环添加图层样式，分别是斜面和浮雕（等高线）、内阴影和投影几个属性，设置数值如图 3-1-20 所示。

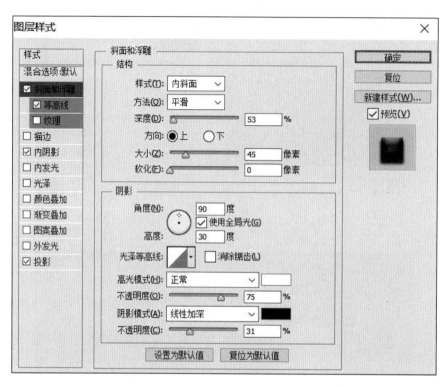

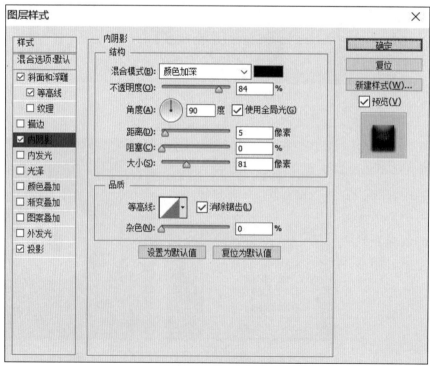

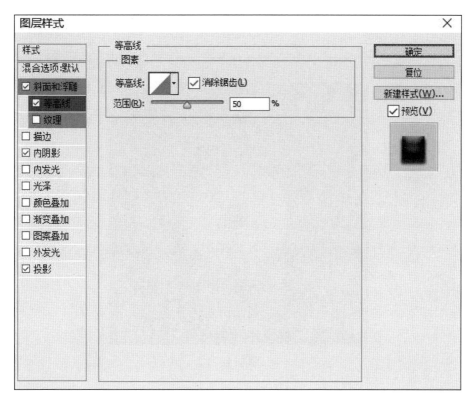

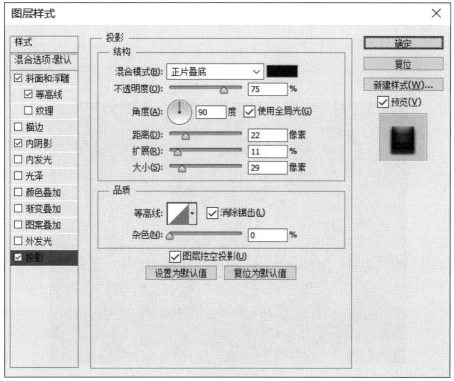

图3-1-20

⑥ 设置好参数后单击"确定"即可达到图3-1-21效果。

图3-1-21

（2）制作发光字体。利用添加图层样式制作发光字体，其中会用到描边，外发光，斜面与浮雕，颜色叠加。如图3-1-22所示。

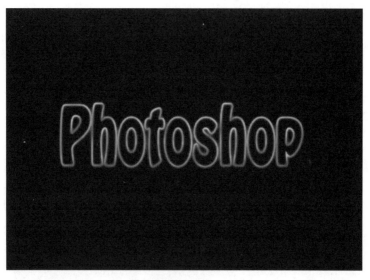

图3-1-22

制作过程：

① 新建文档，标题为发光字体，如图 3-1-23 所示。

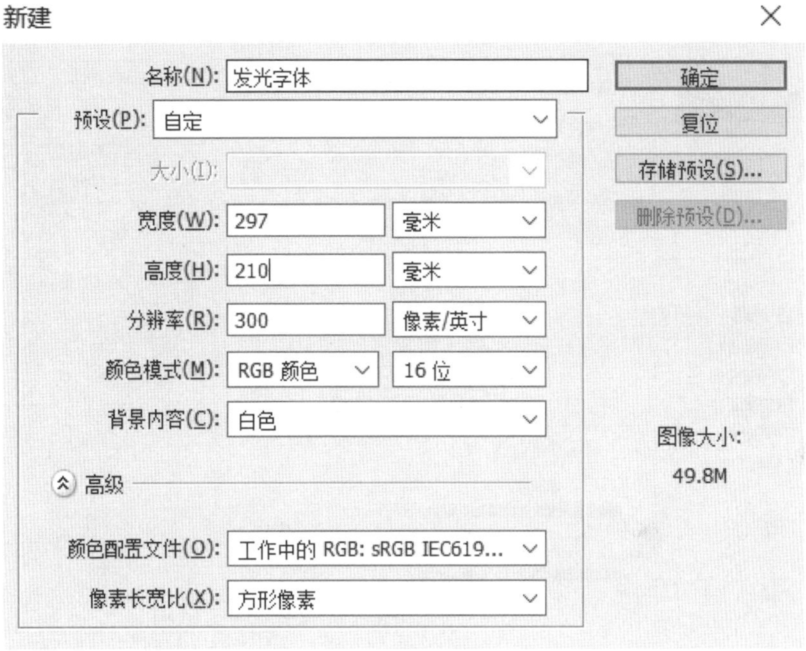

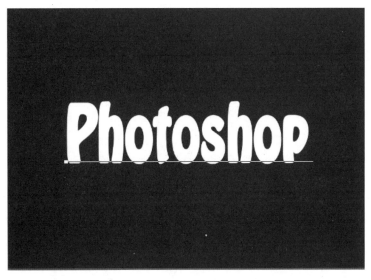

图 3-1-23

② 背景填充黑色，并输入白色字体，调整大小，如图 3-1-24 所示。

图 3-1-24

③ 给文字图层添加描边图层样式，并把混合选项中的填充不透明度调成0，描边颜色改成白色，大小根据自己需要调整，如图3-1-25所示，效果如图3-1-26所示。

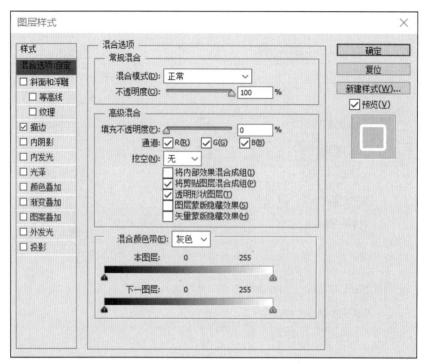

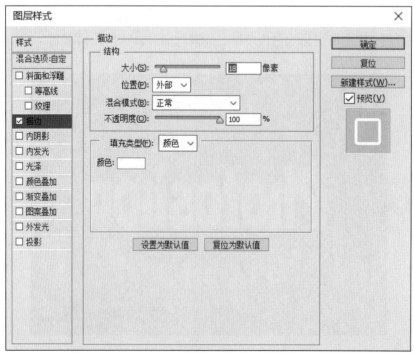

图 3-1-25

④ 选择文字图层右击栅格化图层样式，如图3-1-26所示。

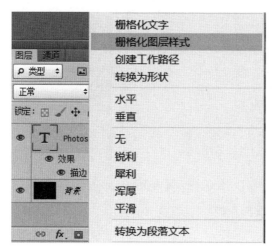

图3-1-26

⑤ 给栅格后的图层首先添加斜面与浮雕，阴影模式的颜色改成红色，等高线形状改成曲线形状，如图3-1-27所示。

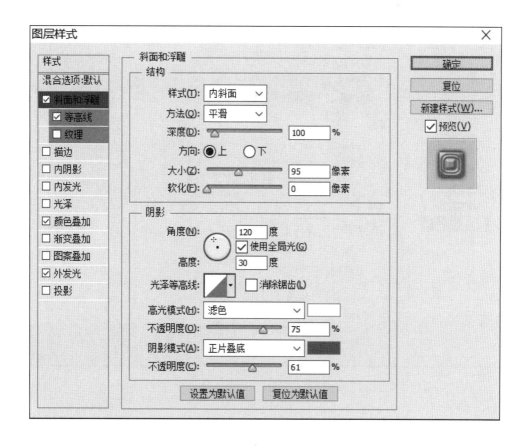

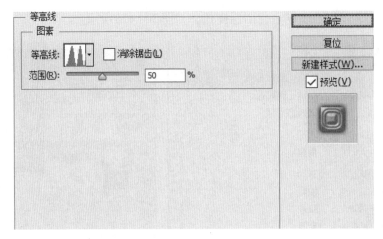

图 3-1-27

⑥ 然后再添加外发光，颜色同样改成红色，之后是颜色叠加，这里颜色要比正红稍微浅一点，改成粉红色即可，如图 3-1-28 所示。

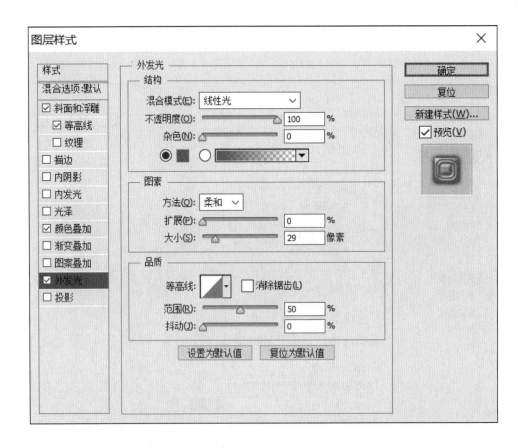

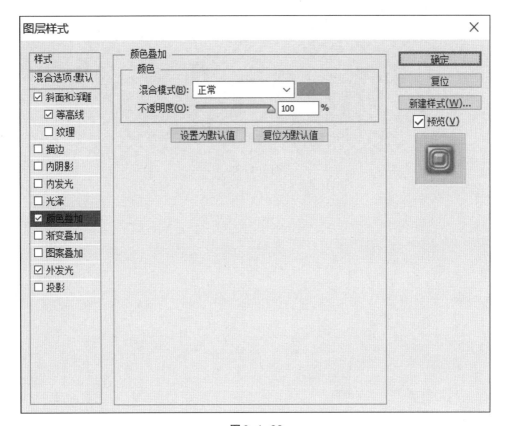

图 3-1-28

　　⑦ 参数设置好后，单击确定，最终效果如图 3-1-29 所示，字体是一个镂空并且发光的，如图 3-1-30 所示，可以根据个人需要改变背景颜色。

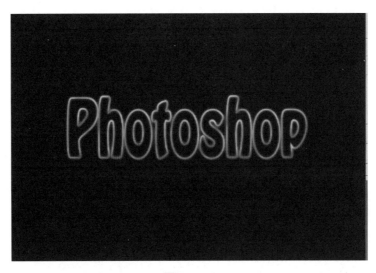

图 3-1-29

图 3-1-30

第4课 图像调整和蒙版通道

Ps

本章主要介绍了图像中调整的种类，蒙版和通道的概念，以及怎样使用图像调整和蒙版通道制作图像的特别效果。其中重点是要熟悉图像调整各分类的作用，蒙版和通道的理念，其中难点为相关案例的学习，使用图像调整和蒙版通道处理图像。

4.1 图像调整

图像菜单中"调整"的命令主要是对图片色彩进行调整的，其中包括图片的颜色、明暗关系、色彩饱和度等作用，"调整"菜单也是在实际操作中最为常用的一个菜单，只有充分，才能更好地使用Photoshop去处理图像。

1. 自动调整

自动调整命令有3个命令，单击后不会出现对话框，选中命令即可自动调整图像的对比度或色调（见图4-1-1）。

（1）自动色调。将红色绿色蓝色3个通道的色阶分布扩展至全色阶范围。这种操作可以增加色彩对比度，但可能会引起图像偏色。

（2）自动对比度。是以RGB综合通道作为依据来扩展色阶的，因此增加色彩对比度的同时不会产生偏色现象。在大多数情况下，颜色对比度的增加效果不如自动色阶来得显著。

（3）自动颜色。除了增加颜色对比度以外，还将对一部分高光和暗调区域进行亮度合并。它把处在128级亮度的颜色纠正为128级灰色，使得它既有可能修正偏色，也有可能引起偏色。这里需要注意的是"自动颜色"命令只有在RGB模式图像中有效。

2. 颜色调整

在Photoshop中，有些颜色调整命令不需要复杂的参数设置，也可以更改图像颜色。比如，"去色""反相""阈值"等，如图4-1-2所示。

图4-1-1

去色

阈值

反相

色彩均化

色调分离

图4-1-2

（1）去色。这是将彩色图像转换为灰色图像，但图像的颜色模式保持不变。

（2）阈值。这是将灰度或者彩色图像转换为高对比度的黑白图像，其效果可用来制作漫画或版刻画。

（3）反相。这是用来反转图像中的颜色。在对图像进行反相时，通道中每个像素的亮度值都会转换为256级颜色值刻度上相反的值。例如值为255时，正片图像中的像素会被转换为0，值为5的像素会被转换为250（反相就是将图像中的色彩转换为反转色，比如白色转为黑色，红色转为青色，蓝色转为黄色等，效果类似于普通彩色胶卷冲印后的底片效果）。

（4）色调均化。这是按照灰度重新分布亮度，将图像中最亮的部分提升为白色，最暗部分降低为黑色。

（5）色调分离。可以指定图像中每个通道的色调级或者亮度值的数目，然后将像素映射为最接近的匹配级别。

3.明暗关系调整

对于色调灰暗、层次不分明的图像，可使用针对色调、明暗关系的命令进行调整，增强图像色彩层次，图4-1-3以"亮度/对比度"为例。

（1）亮度/对比度。使用"亮度/对比度"命令可以直观地调整图像的明暗程度，还可以通过调整图像亮部区域与暗部区域之间的比例来调节图像的层次感。

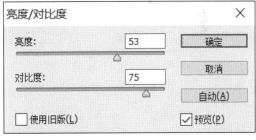

（2）阴影/高光。能够使照片内的阴影区域变亮或变暗，常用于校正照片内因光线过暗而形成的暗部区域，也可校正因过于接近光源而产生的发白焦点。"阴影/高光"命令不是简单地使图像变亮或变暗，它基于阴影或高光中的周围像素（局部相邻像素）增亮或变暗。正因为如此，阴影和高光都有各自的控制选项。当启用"显示其他选项"复选框后，对话框中的选项发生变化数量："阴影"选项组中的"数量"参数值越大，图像中的阴影

图4-1-3

区域越亮；"高光"选项组中的"数量"参数值越大，图像中的高光区域越暗

（3）曝光度。可以对图像的暗部和亮部进行调整，常用于处理曝光不足的照片。

修剪黑色和修剪白色。这2个参数是指定在图像中会将多少阴影和高光剪切到新的极端阴影和高光颜色。百分比数值越大，生成图像的对比度越大。注意：在设置过程中不要使剪贴值太大，因为这样做会减小阴影或者高光的细节。

4. 矫正图像色调

"色彩平衡"与"可选颜色"的作用相似，均可以对图像的色调进行矫正。不同之处在于前者是在明暗色调中增加或者减少某种颜色；后者是在某个颜色中增加或者减少颜色含量，如图4-1-4所示。

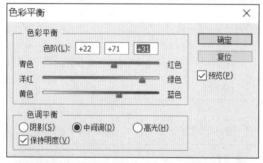

图4-1-4

（1）色彩平衡。可以改变图像颜色的构成。它是根据在校正颜色时增加基本色，降低相反色的原理设计的。例如，在图像中增加黄色，对应的蓝色就会减少；反之就会出现相反效果。打开一幅图像，执行"图像"→"调整"→"色彩平衡"命令，弹出"色彩平衡"对话框。更改各颜色区域的颜色值，可恢复图像的偏色效果，如图4-1-4所示，其中右图是调整后的图像颜色效果。颜色参数：当选中某一个颜色范围后，可通过在该设置区域调整所需的颜色。

提示：当滑块向某一颜色拖近时，是在图像颜色中加入该颜色，所以显示的颜色是与原来颜色综合的混合颜色。

调整区域：这3个单选按钮可以分别调整图像阴影、中间调以及高光区域的色彩平衡。

亮度选项：启用该选项后，可在不破坏原图像亮度的前提下调整图像色调。

（2）可选颜色。可以校正偏色图像，也可以改变图像颜色。一般情况下，该命令用于调整单个颜色的色彩比重。颜色："颜色"选项可以选择要调整的颜色，如绿色、红色或中性色等。

颜色参数：通过使用"青色""洋红""黄色""黑色"这4个滑块可以针对选定的颜色调整其色彩比重。

调整方法："可选颜色"命令是在一定范围内增加或者减少印刷色数量，但是这个范围可以更改，方法就是启用该命令对话框中的"相对"或者"绝对"选项。相对：方法是按照总量的百分比更改现有的青色、洋红、黄色或者黑色的量。例如，从50%红色的像素开始添加10%，则5%将添加到红色，结果为55%的红色。绝对：方法是采用绝对值调整颜色。例如，如果从50%的黄色像素开始，然后添加10%，黄色油墨会设置为总共60%。

5. 整体色调转换

一幅图像虽然具有多种颜色，但总体会有一种倾向，是偏蓝或偏红，是偏暖或偏冷等，这种颜色上的倾向就是一幅图像的整体色调。在Photoshop中可以轻松改变图像整体色调的命令有"照片滤镜""匹配颜色"以及"变化"命令等，图4-1-5以"匹配

图4-1-5

颜色"为例。

（1）照片滤镜。通过模拟相机镜头前滤镜的效果来调整颜色参数，该命令还允许选择预设的颜色以便向图像调整应用色相。

（2）渐变映射。将设置好的渐变模式映射到图像中，从而改变图像的整体色调。执行"图像"→"调整"→"渐变映射"命令，弹出图4-1-5的对话框，其中"灰度映射所用的渐变"选项，默认显示的是前景色与背景色。在默认情况下，"渐变映射"对话框中的"灰度映射所用的渐变"选项显示的是前景色与背景色，并且设置前景色为阴影映射，背景色为高光映射。随着工具箱中的前景色与背景色更改，打开的对话框会随之变化。当鼠标指向渐变显示条上方时，显示"点按可编辑渐变"提示，单击弹出"渐变编辑器"对话框，这时就可以添加或者更改颜色，生成三色或者更多颜色的图像，图4-1-5就是三色渐变映射效果。

（3）匹配颜色。可以将一个图像的颜色与另一个图像中的色调相匹配，也可以使同一文档不同图层之间的色调保持一致。异文档匹配：匹配不同图像中颜色的前提是必须打开2幅图像文档，然后选中想要更改颜色的图像文档，执行"图像"→"调整"→"匹配颜色"命令，在对话框的"源"下拉列表中选择另外一幅图像文档名称，完成后直接单击"确定"按钮，目标图像就会更改为源图像中的色调。使用图像选区匹配颜色：在默认情况下，"匹配颜色"命令是采用参考图像中的整体色调匹配目标图像的。当参考图像中存在选区时，"匹配颜色"对话框中的"使用源选区计算颜色"选项呈可用状态，启用该选项后，目标图像会更改为源图像选区中的色调。

（4）变化。通过显示替代物的缩览图，单击缩览图的方式，直观地调整图像的色彩平衡、对比度和饱和度。

6. 调整颜色三要素

任何一种色彩都有它特定的明度、色相和纯度。而使用"色相/饱和度"与"替换颜色"命令可针对图像颜色的三要素进行调整。

（1）"色相/饱和度"命令。可以调整图像的色彩及色彩的鲜艳度，还可以调整图像的明暗度。

① 色相：顾名思义即各类色彩的相貌称谓，如大红、普蓝、柠檬黄等。该选项可以用来更改图像的色相。

② 饱和度：该选项用于增强图像的色彩浓度。

③ 明度：该选项用于调整图像的明暗程度。

④ 着色：该选项可以将一个色相与饱和度应用到整个图像或者选区中。选择"着色"选项，如果前景色是黑色或者白色，则图像会转换成红色色相。

如果前景色不是黑色或者白色，则会将图像色调转换成当前前景色的色相。这是因为启用"着色"选项后，每个像素的明度值不改变，而饱和度值则为25。根据前景色的不同，其色相也随之改变。

⑤ 颜色蒙版：可以专门针对某一种特定颜色进行更改，而其他颜色不变，那就是颜色蒙版。在该选项中可以对红色、黄色、绿色、青色、蓝色、洋红6种颜色进行更改。

在对话框的"编辑"下拉列表中默认的是全图颜色蒙版，选择除全图选项外的任意一种颜色，比如红色。然后保持其他选项参数不变，将"饱和度"参数设置为65，发现花朵部分的色彩浓度增强。

（2）替换颜色：与刚介绍过的"色相/饱和度"命令中的某些功能相似，它可以先选定颜色，然后改变选定区域的色相、饱和度和亮度值。

打开一幅图像，执行"图像"→"调整"→"替换颜色"命令，弹出"替换颜色"对话框。

① 选取颜色：想要更改颜色的显示，可以双击该色块，打开"选择目标颜色"对话框选择一种颜色，如图4-1-6所示。

图4-1-6

② 颜色容差：拖移"颜色容差"滑块或者输入一个值来调整蒙版的容差。此滑块控制选区中包括哪些相关颜色的程度。

③ 吸管工具：打开"替换颜色"对话框后，默认情况下，选取颜色显示的是前景色，这时可以使用"吸管工具"在图像中单击选取要更改的颜色。还可以通过"添加到取样"按钮以及"从取样中减去"按钮调整选区的颜色范围。

④ 替换：该选项组用于结果颜色的显示以及对结果颜色的色相、饱和度和明度的调。图4-1-7就是替换后的效果图。

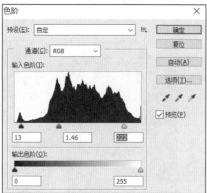

图4-1-7

7. 调整通道颜色

在Photoshop中通过颜色信息通道调整图像色彩的命令有"色阶""曲线"与"通道混合器"命令，它们可以用来调整图像的整体色调，也可以对图像中的个别颜色通道进行精确调整。

（1）色阶（图像/调整/色阶）。使用"色阶"命令可以调整图像的阴影、中间调和高光的关系，从而调整图像的色调范围或色彩平衡。通道：该选项是根据图像模式而改变的。可以对每个颜色通道设置不同的输入色阶与输出色阶值。当图像模式为RGB时，该选项中的颜色通道为RGB、红、绿与蓝；当图像模式为CMYK时，该选项中的颜色通道为CMYK、青色、洋红、黄色与黑色，如图4-1-7所示。

①输入色阶：该选项可以通过拖动色阶的三角滑块进行调整，也可以直接在"输入色阶"的文本框中输入数值。

②输出色阶：该选项中的"输出阴影"用于控制图像最暗数值；"输出高光"用于控制图像最亮数值。

③吸管工具：3个吸管分别用于设置图像黑场、白场和灰场，从而调整图像的明暗关系。

④自动：单击该按钮，即可将亮的颜色变得更亮，暗的颜色变得更暗，提高图像的对比度。它与执行"自动色阶"命令的效果是相同的。

⑤选项：单击该按钮可以更改自动调节命令中的默认参数。

（2）曲线（图像/调整/曲线）：能够对图像整体的明暗程度进行调整。执行"图像"→"调整"→"曲线"命令，弹出曲线的对话框。在该对话框中，色调范围显示为一条笔直的对角基线，这是因为输入色阶和输出色阶是完全相同的，如图4-1-8所示。

通道选项：该选项是根据图像模式而改变的。可以对每个颜色通道设置不同的输入色阶与输出色阶值。当图像模式为RGB时，该选项中的颜色通道为RGB、红、绿与蓝；当图像模式为CMYK时，该选项中的颜色通道为CMYK、青色、洋红、黄色与黑色。

（3）通道混合器（图像/调整/通道混合器）。利用图像内现有颜色通道的混合来修改目标颜色通道，从而实现调整图像颜色的目的。该对话框可以以2种图像模式显示通道选项，即RGB模式图像或者CMYK模式图像，它们的操作方法基本相同。这里以RGB图像模式来详细介绍该对话框中的各种选项。

① 预设：在该下拉列表中包括软件自带的几种预设效果选项，它们可以创建不同效果的灰度图像。

② 输出通道："输出通道"选项可以用来选择所需调整的颜色。

③ 源通道：4个滑块可以针对选定的颜色调整其色彩比重。

④ 常数：此选项用于调整输出通道的灰度值。负值增强黑色像素，正值增强白色像素。当参数值设置为200%时，将使输出通道成为全黑；当参数值设置为+200%时，将使输出通道成为全白。

⑤ 单色：启用"通道混合器"对话框中的"单色"复选框可以创建高品质的灰度图像。需要注意的是启用"单色"复选框，将彩色图像转换为灰色图像后，要想调整其对比度，必须在当前对话框中调整，否则就会为图像上色。

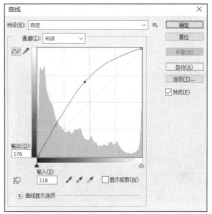

图4-1-8

4.2 蒙版

蒙版可以在不损坏原图的情况下对图片进行处理，例如隐藏不想显示的部分、只让某个区域产生亮度或颜色改变（图层填充或调整层上的蒙版），利用选区让图片以形状轮廓或字体轮廓为显示范围的效果等。什么时候使用根据需要而定，没有特定限制，至于怎么把蒙版的运用发挥到最好，这需要日积月累的运用经验。蒙版的基础理论：蒙版上黑色是隐藏或遮罩。白色是显示。不同值的灰色，则可以让蒙版对应的图层内容产生不同的半透明效果。Photoshop蒙版主要有4种，分别是图层蒙版、矢量蒙版、剪切蒙版、快速蒙版。

1. 图层蒙版

单击选择图层蒙版后，使用画笔或渐变工具对蒙版进行操作和修改，涂白色的部分显示，涂黑色的部分隐藏，灰色部分为半透明，如图4-2-1所示。

图4-2-1

2. 矢量蒙版

矢量蒙版一般用在创建基于矢量形状的边缘清晰的效果，通常通过编辑路径来编辑矢量蒙版。

3. 剪切蒙版

剪切蒙版可以用形状遮盖其他图层的对象。使用剪切蒙版，只能看到蒙版形状内的区域，从最后的效果来看，就是将图层裁剪为蒙版的形状。

4. 快速蒙版

快速蒙版主要用于编辑选区。

4.3　矢量蒙版案例

斑点立体字

要求：用添加图层样式制作出立体字体效果，并利用图层混合模式添加斑点效果。如图 4-3-1 所示。

图 4-3-1

制作过程：

① 新建文档，大小 138×83 mm，分辨率 150 ppi。单击横排文本工具输入字体，颜色为 #3d9dff，如图 4-3-2 所示。

图 4-3-2

② 栅格化文字图层，如图 4-3-3 所示，并添加图层样式斜面和浮雕，参数如图 4-3-4 所示。

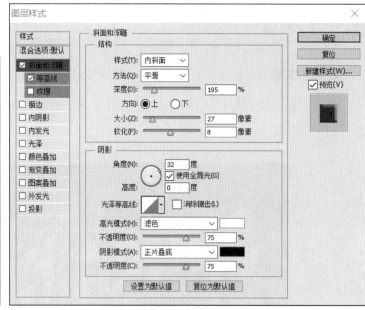

图 4-3-3　　　　　　　　　　　　　　　图 4-3-4

③ 新建图层，在新图层用白色画笔，随意在字上画出斑点，如图 4-3-5 所示。

图 4-3-5

④ 选择白色斑点图层右击，创建剪切蒙版，效果如图 4-3-6 所示。

图 4-3-6

4.4 通道

通道的定义：如图4-4-1所示，通道就是选区，所以它只有黑白两个颜色，白表示选择，黑是不选，灰是中间（类似羽化）每张图都要RGB三个通道。

图4-4-1

通道的作用：

（1）便于抠图。详细解释：有的图片色彩差异较大（比如说一副绿叶红花），你只要红的部分，你找到3个通道里黑白最分明的那个（相当于Ps已经自动帮你分离了很多），复制通道（不能再原来的改），调下色阶，使黑白更加分明，通道下面一排，载入选区，就可以抠图了。

（2）表示墨水强度。利用Info面板可以体会到这一点，不同的通道都可以用256级灰度来表示不同的亮度。在Red通道里的一个纯红色的点，在黑色的通道上显示就是纯黑色，即亮度为0。

（3）可以自己新建通道，把选区存起来，方便下次多次载入。

通道抠图

（1）打开素材图4-4-2。

（2）复制图层（抠图建议复制原图，怕没有改好，还可以原图补救）如图4-4-3所示，打开通道面板，选择蓝色通道，并复制一层蓝色通道，其他通道全部隐藏，只显示复制的蓝色通道，如图4-4-4所示。

（3）打开调整里的亮度/对比度，调整图像的亮度和对比度，如图4-4-5所示。然后打开色阶面板，再次调整图像，如图4-4-6所示。

图 4-4-2

图 4-4-3

图 4-4-4

（4）用画笔设置为白色把背景涂白，如图4-4-7所示，再用黑色把人物涂黑，之后用魔棒可以直接选择出人物，如图4-4-8所示。

（5）回到图层面板，如图4-4-9所示，按Delete键可以删除背景，可以看到发丝也仔细地抠出来了，如图4-4-10所示。

（6）用钢笔工具把脖子部分多出来的影子勾画出路径，按住键盘Alt+Delete键转换成选区，删除多余的影子，如图4-4-11所示。袖子后面多余的影子用磁性套索工具直接建立选区删除即可，如图4-4-12所示。

（7）新建图层，顺序在人物图层之下，填充颜色，完成最终效果，如图4-4-13所示。

图4-4-5

图4-4-6

图4-4-7

图 4-4-8

图 4-4-9

图 4-4-10

图 4-4-11

图 4-4-12

图4-4-13

第5课　滤镜的使用

本章主要介绍了图像中滤镜的作用，怎样利用滤镜处理图像特效，重点是要熟悉各个滤镜的用处和特效，其中难点为相关案例的学习，使用滤镜处理图像。

5.1　滤镜介绍及作用

Photoshop滤镜通俗的说法就是给图片快速添加各种艺术效果的工具集合。滤镜是图像软件发展过程中的一个必备产物，它为了应对人类对艺术欣赏水平的不断提高，需要处理具有复杂特效的图像而产生的。滤镜是一种植入Photoshop的外挂功能模块，或者也可以说它是一种开放式的程序，滤镜都是遵循一定的程序算法，对图像中像素的颜色、亮度、饱和度、对比度、色调、分布、排列等属性进行计算和变换处理，其结果便是使图像产生特殊效果，滤镜菜单如图5-1-1所示。

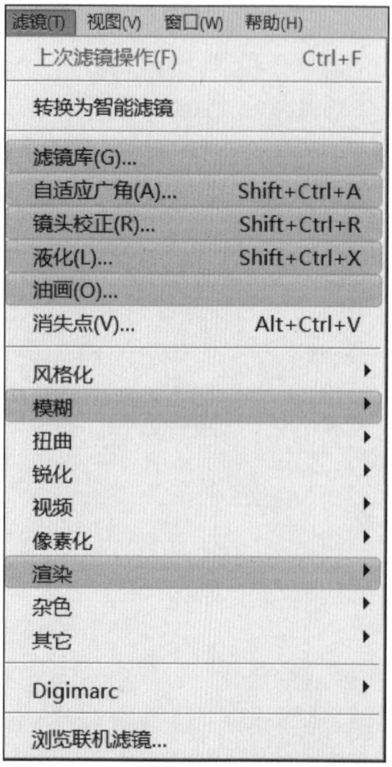

滤镜的种类以及作用

（1）风格化。可以产生不同风格的印象派艺术效果。

（2）查找边缘。可以强调图像的轮廓，用彩色线条勾画出彩色图像边缘，用白色线条勾画出灰度图像边缘。

（3）等高线。可以查找图像中主要亮度区域的过渡区域，并对每个颜色通道用细线勾画这些边缘。

（4）风。可以在图像中创建细小的水平线以模

图5-1-1

拟风效果。

（5）浮雕。可以将图像的颜色转换为灰色，并用原图像的颜色勾画边缘，使选区显得突出。

（6）扩散。滤镜根据所选的选项搅乱选区内的像素，使选区看起来聚焦较低。

（7）拼贴。可以将图像拆散为一系列的拼贴。

（8）曝光过度。可以混合正片和负片图像，与在冲洗过程中将相片简单的曝光以加亮相似。

（9）凸出。可以创建三维立体图像。

（10）照亮边缘。可以查找图像中颜色的边缘并给他们增加类似霓虹灯的亮光。

（11）画笔描边。可以使用不同的画笔和油墨笔接触产生不同风格的绘画效果。一些滤镜可以对图像增加颗粒，绘画，杂色，边缘细线或纹理，以得到点画效果。

（12）成角的线条。可以用对角线修描图像。图像中较亮的区域用一个线条方向绘制，较暗的区域用相反方向的线条绘制。

（13）喷溅。可以产生与喷枪喷绘一样的效果。

（14）喷色描边。可以产生斜纹的喷色线条。

（15）强化的边缘。可以强化图像的边缘。当边缘亮度控制被设置为较高的值时，强化效果与白色粉笔相似；亮度设置为较低时，强化效果与黑色油墨相似。

（16）深色线条。使用短、密的线条绘制图像中与黑色接近的深色区域，并用长的、白色线条绘画图像中较浅的颜色。

（17）烟灰墨。可以在原来的细节上用精细的细线重绘图像，用的是钢笔油墨风格。

（18）阴影线。可以模拟铅笔阴影线为图像添加纹理，并保留原图像的细节和特征。

（19）油墨概念。可以绘制火星风格的图像，使图像产生像是用饱和黑色墨水的湿画笔在宣纸上绘画的效果。

（20）模糊。可以模糊图像。这对修饰图像非常有用。模糊的原理是将图像中要模糊的硬边区域相邻近的像素值平均而产生平滑的过滤效果。

（21）动感模糊。能以某种方向（从−360°～+360°）和某种强度（从1～999）模糊图像。

（22）高斯模糊。可以按可调的数量快速地模糊选区。高斯指的是当Adobe Photoshop对像素进行加权平均时所产生的菱状曲线。该滤镜可以添加低频的细节并产生朦胧效果。

（23）径向模糊。可以模糊前后移动相机或旋转相机产生的模糊，以制作柔和的效果。

（24）进一步模糊。也可以消除图像中有明显颜色变化处的杂点。所产生的效果比模糊滤镜强三到四倍。

（25）特殊模糊。可以对一幅图像进行精细模糊。指定半径可以确定滤镜可以搜索不同像素进行模糊的范围；指定域值可以确定像素被消除像素有多大差别；在对话框中也可以指定模糊品质；还可以设置整个选取的模式，或颜色过度边缘的模式。

（26）扭曲。可以对图像进行几何变化，以创建三维或其他变换效果。

（27）波纹。可以在图像中创建起伏图案，模拟水池表面的波纹。

（28）玻璃。使图像犹如透过不同种类的玻璃观看的。应用此图案可以创建玻璃表面。

（29）海洋波纹。可以为图像表面增加随机间隔的波纹，使图像看起来宛如在水面上。

（30）扩散光亮。可以渲染图像从而产生柔和散射的效果。

（31）极坐标。可以将图像从直角坐标转换成极坐标，反之亦然。

（32）挤压。可以挤压选区。

（33）切变。可以沿曲线扭曲图像。

（34）球面化。可以将图像产生扭曲并伸展他以包在球体上的效果。

（35）水波。可以径向的扭曲图像，产生径向扩散的圈状波纹。

（36）旋转扭曲。可以将图像中心产生旋转效果。

（37）置换。可以根据选定的置换图来确定如何扭曲选区。

（38）锐化。可以通过增加相邻像素的对比度而使模糊的图像清晰。

（39）USM锐化。可以调整边缘细节的对比度，并在边缘的每侧制作一条更亮或更暗的线，以强调边缘，产生更清晰的图像幻觉。

（40）进一步锐化。比锐化滤镜有更强的锐化效果。

（41）锐化边缘。可以查找图像中有明显颜色转换区域并进行锐化。

（42）素描。可以给图像增加各种艺术效果的纹理，产生素描、速写等艺术效果，也可以制作三维背景。

（43）蜡笔。能在图像上绘制稠密的深色或纯白粉笔效果。

（44）便条纸。用以简化图像，产生凹陷的压印效果。

（45）粉笔与碳笔。可以将图像用粗糙的粉笔绘制纯中间调的灰色效果，暗调区用黑色对角碳笔线替换，绘制的碳笔为前景色，绘制的粉笔为背景色。

（46）铬黄。图像产生磨光铬表面的效果。在反射表面中，高光为亮点，暗调为暗点。

（47）绘图笔。可以使用精细的直线油墨线条来描绘原图像中的细节以产生素描效果。

（48）基底凸线。可以是图像变为具有浅浮雕效果的效果。较暗区使用前景色，较亮的颜色使用背景色。

（49）水彩画纸。可以产生潮湿的纤维纸上绘画的效果，使颜色溢出和混合。

（50）撕边效果。可以使图像产生撕裂的效果，并使前景色和背景色为图像上色。

（51）塑料效。将图像产生立体石膏压模效果，并用前景色和背景色为图像上色。较暗区升高，较亮区下陷。

（52）炭笔。将图像中主要的边缘用粗线绘画，中间调用对角线条素描，产生海报画的效果。

（53）图章。用以简化图像产生图章效果。

（54）网状。可以模拟胶片感光乳剂的受控收缩和扭曲，使图像的暗调区域结块，高光区域轻微颗粒花。

（55）影印。可以模拟影印图像的效果，大范围的暗色区域主要只拷贝其边缘和远离纯黑或纯白色的中间调。

（56）纹理。可以为图像添加具有深度感和材料感的纹理。

（57）龟裂缝。可以沿着图像轮廓产生精细的裂纹网。

（58）颗粒。可以模拟不同种类的颗粒来给图像增加纹理。

（59）马赛克拼贴。将图像分裂为具有缝隙的小块。

（60）拼缀图。可以将图像拆分为整齐排列的方块，用图像中该区域的最显著颜色填充。

（61）染色玻璃。将图像重绘为以前景色勾画的单色相邻单元格。

（62）纹理化。可以在图像上应用用户选择或创建的纹理。

（63）像素化。可以将指定单元格中相似颜色值结块并平面花。

（64）彩块化。可以将纯色或相似颜色的像素结块为彩色像素块。使用该滤镜可以使图像看起来像是手绘的。

（65）彩色半调。可以在图像的每个通道上模拟使用扩大的半调网屏的效果。

（66）点状化。可以将图像中的颜色分散为随机分布的网点。

（67）晶格化。可以将像素结块为纯色多边形。

（68）马赛克。将像素结块为方块，每个方块内的像素颜色相同。

（69）碎面效果。可以将图像中的像素创建四份备份，进行平均，再使它们互相偏移。

（70）铜板雕刻。滤镜可以将灰度图像转换为黑白区域的随机图案，将彩色图像转换为全饱和颜色随机图案。

（71）渲染。以在图像中创建三维图形，云彩图案，折射图案和模拟光线反射。

（72）3D变换。可以将图像影射到立方体、球体和圆柱上，然后进行三维空间旋转。

（73）云彩。使用前景色和背景色随机产生柔和的云彩图案。

（74）差异云彩。与云彩效果滤镜大致相同，但多次应用该滤镜可以创建与大理石花纹相似的横纹和脉图案。

（75）镜头光晕。可以模拟亮光照在相机镜头所产生的折射。

（76）纹理填充。使用灰度文件或文件的一部分填充选区。

（77）壁画。可以用短的、圆的和潦草的斑点绘制风格粗犷的图像。

（78）彩色铅笔。可以使用彩色铅笔在纯色背景上绘制图像。该滤镜可以保持原图像上重要的边缘并添加粗糙的阴影线。利用该滤镜可以模拟制作羊皮纸效果。

（79）粗糙蜡笔。可以产生薄薄的浮雕效果，并且使用彩色粉笔在浮雕背景上描绘彩色图像。

（80）底纹效果。可以在纹理背景上绘制图像，然后在它上面画制最终图像。

（81）调色刀。与云彩滤镜大致相同，但多次运用该滤镜可以创建和大理石花纹相似的横纹和脉纹图案。

（82）干笔刷。可以减少图案中复杂的颜色，并替换成常用的颜色。应用该滤镜后图像显得干涩，介于油画和水彩画之间。

（83）海报边缘。可以减少图像中颜色的数目，并将图案的边缘以黑线描绘。应用该滤镜后，图像将出现大范围的阴影区域。

（84）海绵。可以创建对你颜色的强纹理图像，显得像用海绵画过那样。

（85）胶片颗粒。可以在图像的暗调和中间调部分运用均匀的图案。可以使图像较亮的区域更平滑、更饱和。该滤镜对于消除混合中的色带及在视觉上统一不同来源的像素非常重要。

（86）木刻。可以将图像变为高对比度的图像，使图像看起来好像一幅彩色剪影图。

（87）霓虹灯光。可以给图像添加不同类型的发光效果，使图像产生柔和的外观，也可以给图像重新着色。

（88）水彩。可以简化图像中的细节，模拟绘制水彩画风格的图像。

（89）塑料包装。可以使图像产生闪亮的塑料包装效果。

（90）涂抹棒。使用短的对角线涂抹图像中较暗的区域来柔和图像。图像中较亮的区域更亮并丢失细节。

（91）杂色。可以添加或去掉图像中的杂色，可以创建不同寻常的纹理或去掉图像中有缺陷的区域。

（92）添加杂色。可以在图像上添加随机像素点，模仿高速胶片上捕捉画面的效果。

（93）去斑。可以模糊图像中除边缘外的区域，这种模糊可以去掉图像中的杂色同时保留细节。

（94）蒙尘与划痕。滤镜可以通过改变不同的像素来减少杂色。

（95）中间值。通过混合选区内像素的亮度来减少图像中的杂色。该滤镜对于消除或减少图像的动感效果非常有用，也可以用于去除有划痕的扫描图像中的划痕。

（96）高反差。可以在图像中颜色明显的过渡处，保留指定半径内的边缘细节，并隐藏图像的其他部分。

（97）位移。该滤镜可以将图像垂直或水平移动一定数量，在选取的原位置保留空白。

（98）自定义。可以让用户设置自己的滤镜效果。该滤镜实际上是Photoshop中功能最强大的滤镜之一。使用该滤镜可以创造很多特殊效果。

（99）最大值。具有收缩的效果，可以向外扩展白色区域，收缩黑色区域。

（100）最小值。具有扩展的效果，即向外扩展黑色区域，并收缩白色区域。

5.2　使用滤镜案例

用滤镜制作漫画效果人物

要求：使用滤镜效果把人物照片处理成漫画风图像，如图5-2-1所示。

图5-2-1

制作过程：

① 打开人物照片素材，并把背景层复制一层，并右击复制层转换为智能对象，如图5-2-2所示。

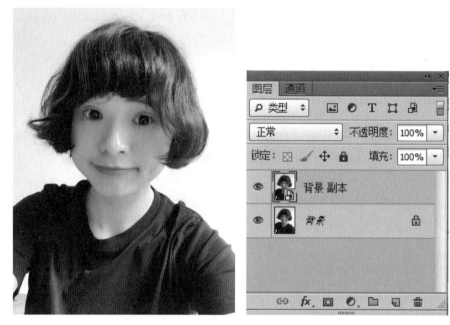

图 5-2-2

② 单击滤镜→滤镜库→艺术效果→海报边缘。海报边缘效果可以减少图像中颜色的数目，并将图片的边缘调整成用黑线勾画的效果，数值的设定可以根据自己的需求来设点，这里示范的是边缘厚度是8，边缘强度是5，海报化是5，如图5-2-3所示。

③ 然后单击滤镜→像素化→彩色半调按钮，可以模拟漫画稿的圆点效果。半调值数值范围是4 ~ 127，数值越大，圆点越大，通道的数值全设置为45，如图5-2-4所示。

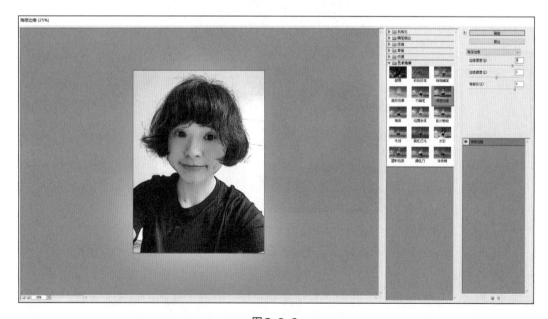

图 5-2-3

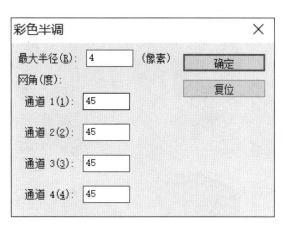

图5-2-4

④ 单击好滤镜按钮后，可以看到图层面板里的图层下方添加了一个智能对象效果，下面有添加过滤镜的名称，可以滤镜名称重新编辑滤镜，如图5-2-5所示。

⑤ 单击彩色半调后面的按钮标志，修改滤镜的混合模式，把彩色半调的混合模式改为柔光，如图5-2-6所示。

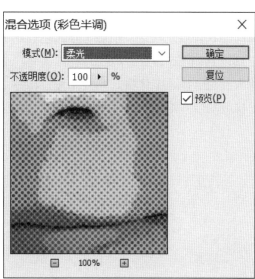

图5-2-5　　　　　　　　　　　　图5-2-6

⑥ 把漫画边框PNG格式素材，如图5-2-7所示放入背景副本之上，并调整好大小，如图5-2-8所示。

图5-2-7 　　　　　　　　　　　　　　　图5-2-8

⑦ 勾画对话框。使用钢笔工具，绘制对话框的形状，填充白色，描边选择黑色，钢笔工具设置如图5-2-9所示。并利用文字工具输入红色字体，字体格式和大小可以根据自己排版调整，如图5-2-10所示。

| 形状 ‡ | 填充： | 描边： | 10点 ▼ |

图5-2-9 　　　　　　　　　　　　　　　图5-2-10

⑧ 给文字添加图层样式描边，颜色选择白色，不透明度调整100，大小15，如图5-2-11。

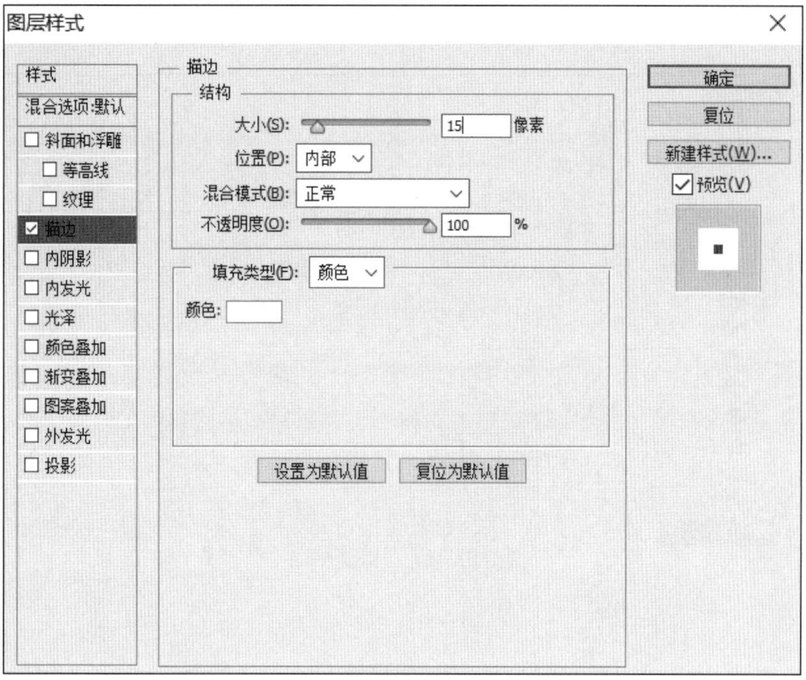

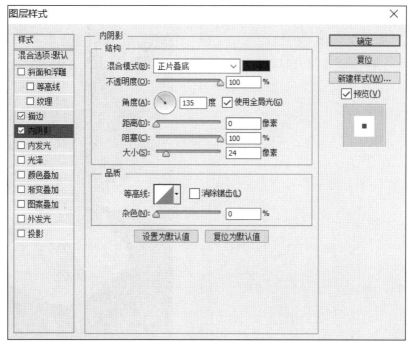

图5-2-11

⑨ 再添加内阴影，阻塞100，大小24，如图5-2-12所示。

图5-2-12

⑩ 之后添加投影：不透明度调至75，光线角度135，距离给大一些，大小扩展均为0，如图5-2-13所示。

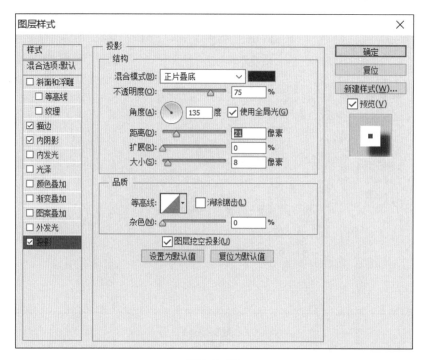

图5-2-13

⑪ 图层样式全部添加好之后单击"确定"按钮，完成，如图5-2-14所示。

图5-2-14

第6课 综合案例操作

Ps

本章主要结合各自工具进行实际案例操作，熟悉各工具的性能，重点是Photoshop工具之间的混合操作使用，其中难点为相关案例的学习。

1. 制作人像硬币

要求：利用添加图层样式和图层混合模式，滤镜合成人像与硬币，如图6-1-1所示。

图6-1-1

制作过程：

① 打开人像图片，用磁性套索工具建立人物的选区，如图6-1-2所示。

② 打开硬币素材，如图6-1-3所示，用移动工具把建立好选区的人像移动到硬币素材上，并按键盘Ctrl+T调整好人像大小，如图6-1-4所示。

③ 用橡皮擦把人像多出来的部分擦掉，如图6-1-5所示，并修改图层混合模式为明度，如图6-1-6所示。

图6-1-2

图6-1-3

图6-1-4

图6-1-5

图6-1-6

④ 给人像添加图层样式斜面和浮雕，参数如图6-1-7所示。

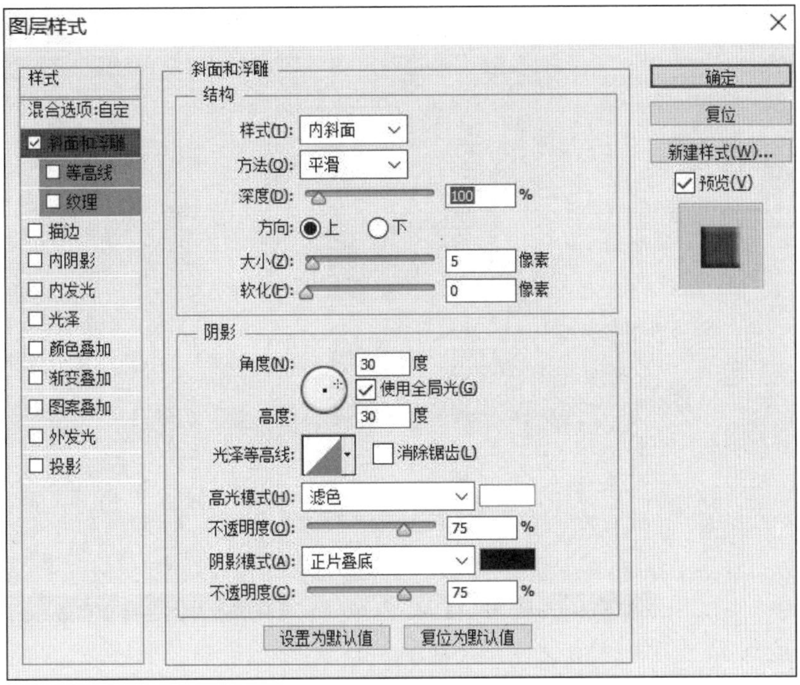

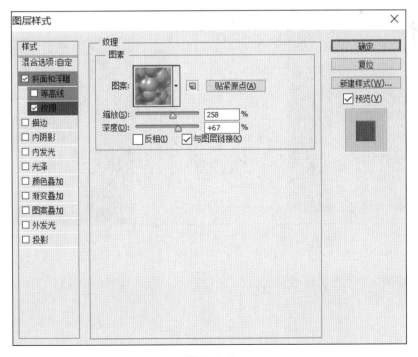

图6-1-7

⑤ 给人像添加图层样式纹理，使用软件自带的纹理图案，如图6-1-8所示。

图6-1-8

⑥ 给人像图层添加滤镜→锐化→智能锐化，如图6-1-9所示。

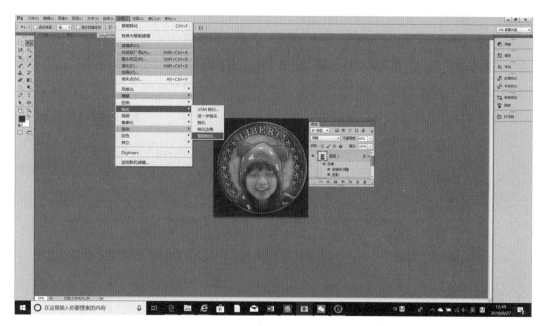

图6-1-9

⑦ 智能锐化的设置如图6-1-10所示，确定后效果如图6-1-11所示。

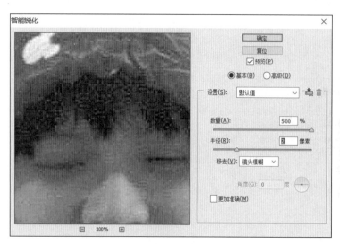

图6-1-10   图6-1-11

⑧ 调整图层透明度，完成，如图6-1-12所示，成果如图6-1-13。

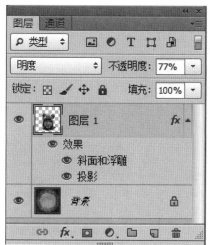

图6-1-12

图6-1-13

2. 制作艺术效果印章

要求：利用Photoshop各工具制作艺术效果印章，如图6-1-14所示。

制作过程：

① 新建文档，大小设置如图6-1-15所示。

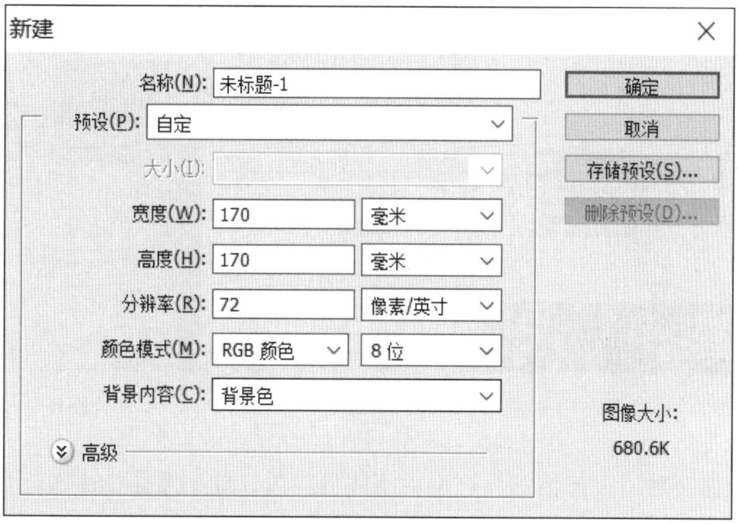

图6-1-14

图6-1-15

② 利用矩形工具，画一个正方形，颜色为正红，填充无，边框6，如图6-1-16所示。并把框形状栅格化变为普通图层，如图6-1-17所示。

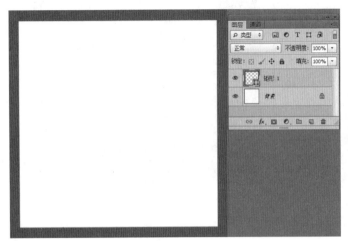

图6-1-16　　　　　　　　　　　图6-1-17

③ 单击文本工具按钮在框里打上字，颜色为正红，调整好大小，如图6-1-18所示，并栅格化文字，如图6-1-19所示。

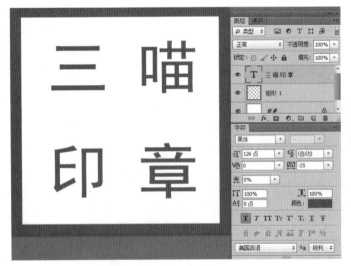

图6-1-18　　　　　　　　　　　图6-1-19

④ 栅格化文字后，字体偏细，这里给字体再描边，首先按住Ctrl键，再鼠标单击栅格后的文字图层，全选如图6-1-20所示，选择选框工具并右击"描边"，如图6-1-21所示。

⑤ 描边的对话框如图6-1-22所示，颜色选择和字体一样的颜色，根据字体调整描

图6-1-20   图6-1-21

边大小。单击确定后，得到如图6-1-23所示效果。

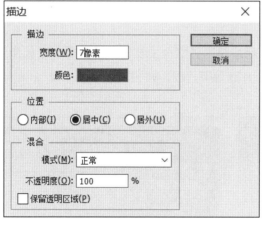

图6-1-22

图6-1-23

⑥ 合并文字和框形图层，并按住Ctrl键，建立选区，如图6-1-24所示。

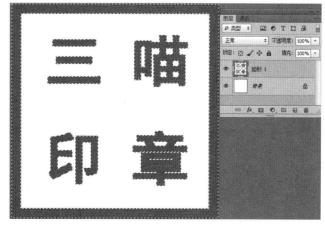

图6-1-24

⑦ 进入通道面板，单击新建通道，按住Ctrl+Delete键给字体和框形选区填充白色，如图6-1-25所示。

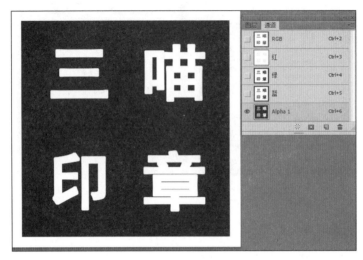

图6-1-25

⑧ 单击滤镜→像素化→铜版雕刻按钮，类型为中长边，单击确定后如果觉得效果不够，可以反复单击相同滤镜按钮，直到效果达成，如图6-1-26所示。

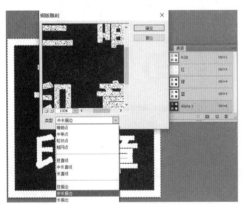 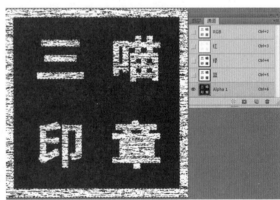

图6-1-26

⑨ 单击画笔工具按钮，把前景色改成黑色，然后选择"59"画笔，如图6-1-27所示；使用画笔工具在通道字体和边框上添加黑色的杂碎，如图6-1-28所示。

⑩ 按住Ctrl键单击Alpha1键，全选此通道上的字体和框形，如图6-1-29所示。

⑪ 返回图层面板，把原先的图层隐藏，新建图层1，按住键盘上的Ctrl+Delete键填充红色，再按Ctrl+D键取消选区。如图6-1-30所示。

⑫ 单击滤镜→模糊→高斯模糊，设置如图6-1-31所示，确定后得到最后成果，如

图 6-1-27 图 6-1-28

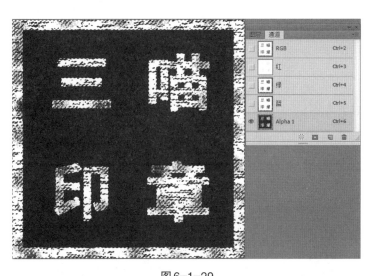

图 6-1-29

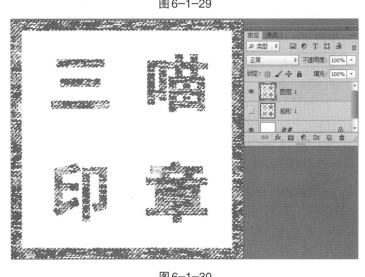

图 6-1-30

图 6-1-32 所示。

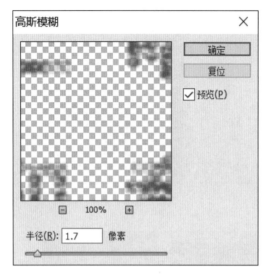

图 6-1-31   图 6-1-32

3. 绘制药丸爱心图标

要求：设计精细，颜色搭配适当，并合理使用钢笔和形状工具绘制矢量图形标志，效果如图 6-1-33 所示。

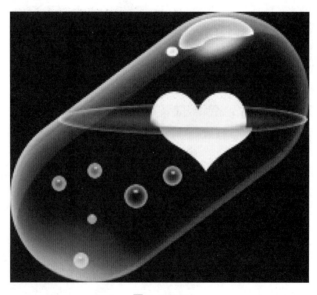

图 6-1-33

制作过程：

① 新建文档，600 mm × 600 mm，如图 6-1-34 所示。

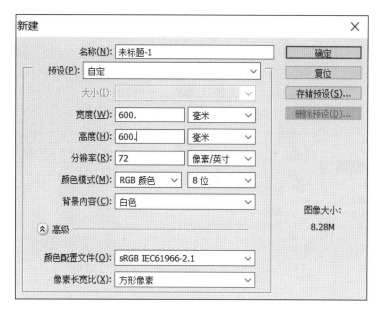

图6-1-34

② 单击圆角矩形按钮建立一个圆角矩形，填充颜色为白色，描边无，宽200像素，高400像素，半径调整为200像素，并在图层面板改名为胶囊1。如图6-1-35所示。

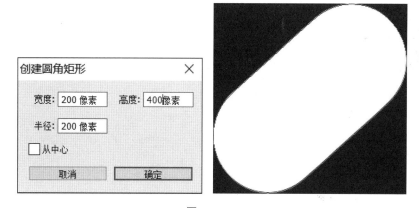

图6-1-35

③ 胶囊1把填充设置为0，添加内发光，模式改为滤色，颜色为#ffff89，如图6-1-36所示。之后复制一层名为胶囊2，填充同样是0，添加内阴影，不透明为100，颜色为#ffff89，角度120，距离10，大小45，如图6-1-37所示。再复制一层胶囊3，填充为0，添加内阴影，不透明度为75，颜色为#ffff89，距离5，大小为8，如图6-1-38所示。最后三层胶囊效果如图6-1-39所示。

④ 在胶囊中间用椭圆工具新建一个椭圆画水面，填充无，描边无，添加内发光填充为85，大小为8，颜色为#fff99e，如图6-1-40所示。水心制作，新建一个比水面小

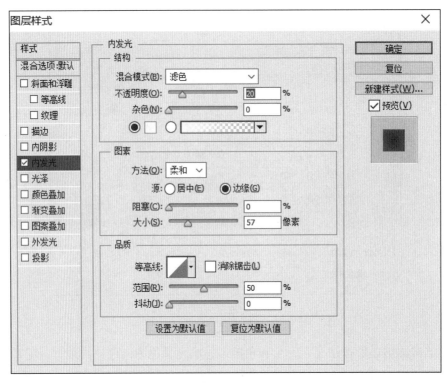

图 6-1-36

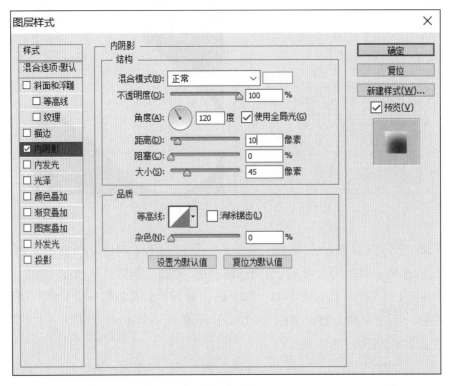

图 6-1-37

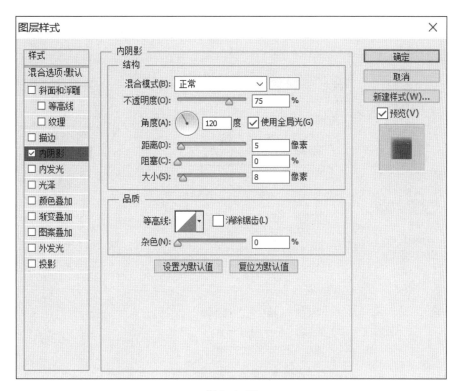

图6-1-38

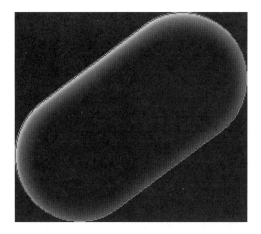

图6-1-39

一点的椭圆选框，羽化6.5，填充颜色为#7f7418，效果如图6-1-41所示。

　⑤ 使用自定义形状工具，在水面上勾画爱心形状，填充颜色为#ffff31，并添加内发光，混合模式为滤色，不透明度为75，大小为65，颜色为ffffb6，如图6-1-42所示。并用套索工具把在爱心下半部分建立选区，如图6-1-43所示并上下分开，调整位置，把爱心下半部图层移动至水心图层之下，建造一种阴影效果，如图6-1-44所示。

图层样式 ✕

样式

混合选项:默认
☐ 斜面和浮雕
　☐ 等高线
　☐ 纹理
☐ 描边
☐ 内阴影
☑ 内发光
☐ 光泽
☐ 颜色叠加
☐ 渐变叠加
☐ 图案叠加
☐ 外发光
☐ 投影

内发光
结构
混合模式(B)：正常
不透明度(O)：━━━━━△ 85 %
杂色(N)：△ 0 %
　◉ ☐ 　◯ ▔▔▔▔ ▼

图素
方法(Q)：柔和
源：◯ 居中(E)　◉ 边缘(G)
阻塞(C)：△ 0 %
大小(S)：△━━━━━ 8 像素

品质
等高线：◣ ☐ 消除锯齿(L)
范围(R)：━━━△ 50 %
抖动(J)：△ 0 %

设置为默认值　复位为默认值

确定
取消
新建样式(W)...
☑ 预览(V)

图 6-1-40

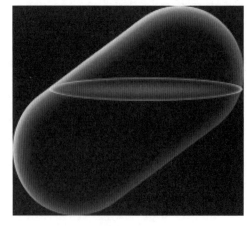

图 6-1-41

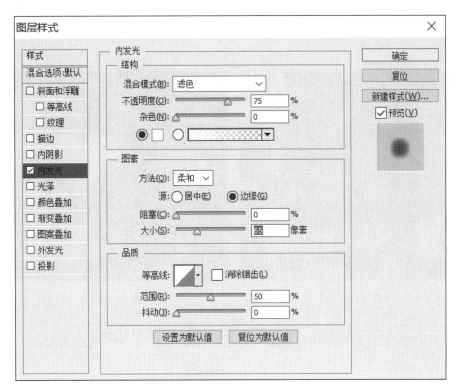

图6-1-42

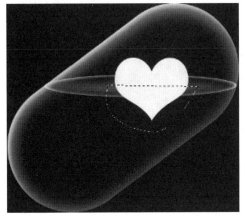

图6-1-43

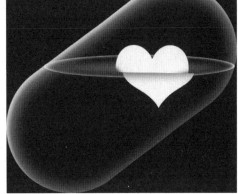

图6-1-44

⑥ 给底部制作折射光，使用钢笔工具在底部勾勒光的形状，如图6-1-45所示，并按住Ctrl+Enter键建立选区，之后使用渐变工具，调整渐变颜色#fbfb94透明度100到白色透明度为0的渐变，如图6-1-46所示。

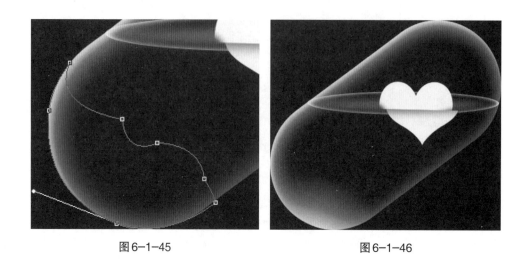

图6-1-45   图6-1-46

⑦ 用钢笔工具在胶囊两边勾勒出两道光的形状，制作一个反光的效果，填充颜色为#ffff9e，不透明度为20，如图6-1-47所示。

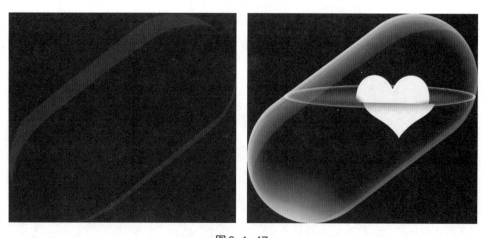

图6-1-47

⑧ 给胶囊顶部制作高光，用钢笔工具勾画高光形状，并转换成选区，如图6-1-48所示。填充为白色，图层颜色填充为50。添加内发光，模式为滤色，颜色为#fdfbe1，大小为13，设置为6-1-49所示。

⑨ 设置好顶部高光之后，效果如图6-1-50所示。

⑩ 给胶囊水下制作气泡，用椭圆工具，勾画出正圆，描边无，填充无，添加内发

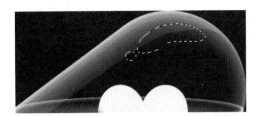

图6-1-48

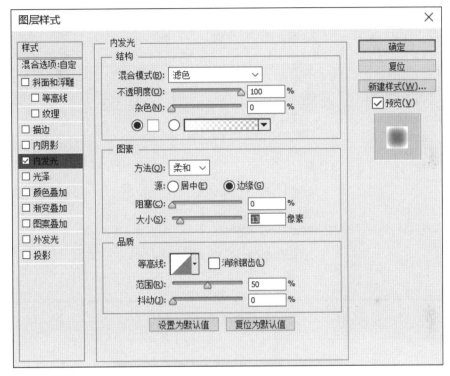

图6-1-49

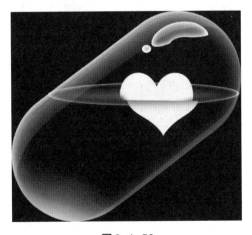

图6-1-50

光，颜色为#ffffbe，大小为18，不透明度为75，如图6-1-51所示。确定好之后在正圆上画一个白色的圈作为气泡的高光，如图6-1-52所示。

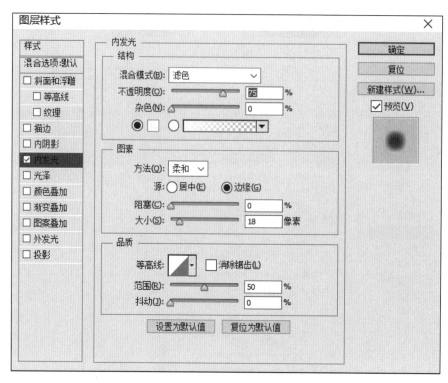

图 6-1-51

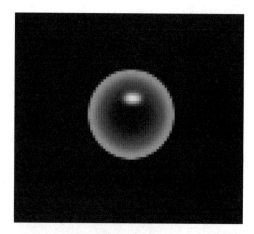

图 6-1-52

⑪ 气泡做好之后，复制几个，并调整好位置和大小。在顶部建立一个椭圆选区，调整羽化为6，填充颜色为白色，制作一个反光高光，最后成果如图6-1-53所示。

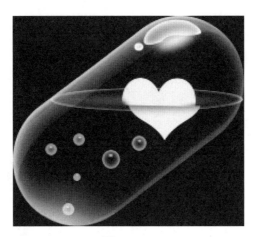

图6-1-53

4. 制作人物切面海报

要求：把平面人头像制作出立体空间感，排版得当，颜色搭配合理。效果如图6-1-54所示。

图6-1-54

制作过程：

① 新建文档，默认A4格式，并把人物头像素材拖入进新建图层，并调整大小，位置居中，如图6-1-55所示。（头像复制一层，方便修改）

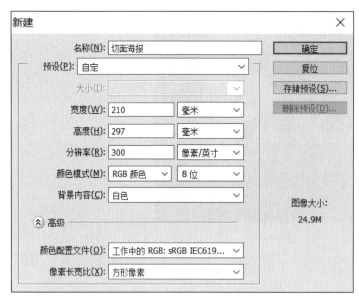

图 6-1-55

② 新建一个图层，名称为标记，用画笔工具标注要切割的部分，如图6-1-56所示。

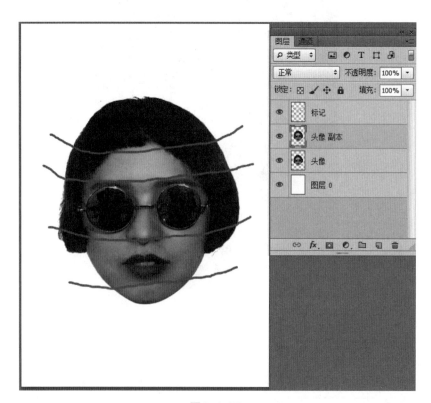

图 6-1-56

③ 选择头像副本图层，单击钢笔工具，并选择路径模式，顺着标记线画出头顶第一块，然后转换为选区复制一层，名称为图层1，头顶此时为单独一层。如图6-1-57所示

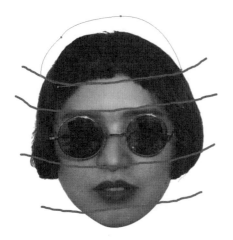

图6-1-57

④ 接着同理，抠出第二、三、四、五部分，记住人物的面部部分，应有一定的弧度，不能一条直线过去。如图6-1-58所示。此时单独把面部分了五个图层，把五个图层分组，组名为1～5，5组如图6-1-59所示。

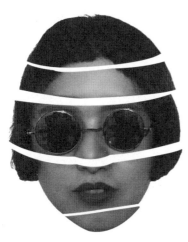

图6-1-58

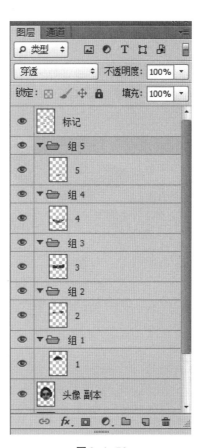

图6-1-59

⑤ 在下巴部分（组5）新建一个图层，名称为切面，用钢笔工具绘制填充一个黄色面，如图6-1-60所示。再建立一个图层，名称为阴影，做一个切面阴影，用柔边画笔画一条影子，如图6-1-61所示。

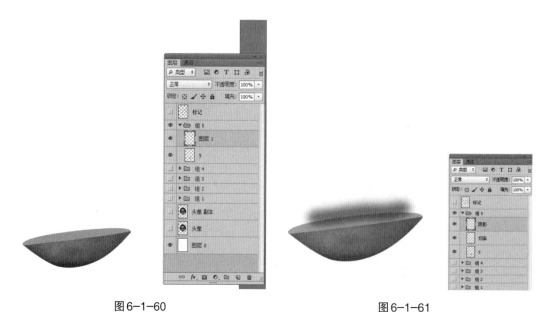

图6-1-60   图6-1-61

⑥ 在阴影图层单击右键选择创建剪切蒙版，如图6-1-62所示。

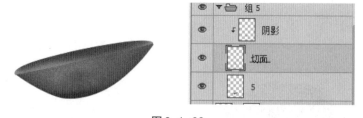

图6-1-62

⑦ 同理做2～4的切面，颜色可以根据自己的设计搭配，切面效果如图6-1-63所示。

⑧ 用渐变工具添加背景颜色，并在面部下方用椭圆工具做一个投影，如图6-1-64所示。

⑨ 可以给海报添加字体，并根据设计给字体添加图层样式，如图6-1-65所示。

图6-1-63

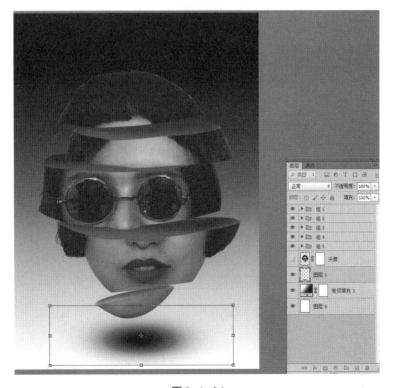

图6-1-64

图6-1-65

参 考 文 献

［1］范玲，卫向虎.Photoshop图形图像处理［M］.青岛：中国海洋大学出版社，2014.

［2］［美］Adobe公司.Adobe Photoshop CS6中文版经典教程（彩色版）［M］.张海燕，译.北京：人民邮电出版社，2018.

［3］李金明，李金荣.中文版Photoshop CS6完全自学教程［M］.北京：人民邮电出版社，2012.

［4］孙育红.Photoshop CS6图形图像设计案例教程［M］.北京：清华大学出版社，2017.

［5］关文涛.选择的艺术：Photoshop图像处理深度剖析（第4版）［M］.北京：人民邮电出版社，2018.

［6］朱社峰，朱仁成.Photoshop人像摄影后期技术专业教程［M］.北京：人民邮电出版社，2014.

［7］中科幻彩.科研论文配图设计与制作从入门到精通［M］.北京：人民邮电出版社，2017.

［8］曾宽，潘擎.抠图+修图+调色+合成+特效Photoshop核心音译5项修炼［M］.北京：人民邮电出版社，2013.

［9］［美］拉斐尔·C.冈萨雷斯（Rafael C.Gonzalez），理查德·E.伍兹（Richard E.Woods）.数字图像处理（三版）［M］.阮秋琦等，译.北京：电子工业出版社，2017.

［10］张燕丽.Photoshop CS6图形图像处理项目式教程（21世纪高等职业教育计算机类"十二五"规划教材）［M］.武汉：华中科技大学出版社，2014.

［11］张晓景.中文版PhotoshopCS6完全自学一本通［M］.北京：电子工业出版社，2012.

［12］朱倩.回到广告设计的原点［J］.大众文艺，2009（18）：1—3.

［13］吴巍，苏亚飞.浅论广告图形的功能与意义［J］.科学之友，2010（3）：1—4.

［14］王欢.计算机平面设计中设计软件相互结合与应用［J］.黑龙江科技信息，20089（11）：3—5.

［15］吴雪峰.广告创意的三大原则［J］.大众文艺，2004（3）：3—6.

［16］赵佳代.浅谈广告创意策划与实施［J］.科技信息，2010（4）：2—5.

［17］朱永明.视觉传达设计中的图形、符号与语言［J］.南京艺术学院学报（美术与设计版），2004，1（2）：53—56.

［18］卢世主.从图案到设计：20世纪中国设计艺术史研究［M］.南昌：江西人民出版社，2011.

［19］朱锷.现代平面设计巨匠田中一光的设计世界［M］.北京：中国青年出版社，1998.

［20］汤义勇.招贴设计［M］.北京：人民美术出版社，2001.

附　录

图1-2-1

图1-6-2

图 1—6—3

图 2—1—1

图 2-2-4

图 2-2-5

图 2-2-6

图 2-4-2

图 2-6-1

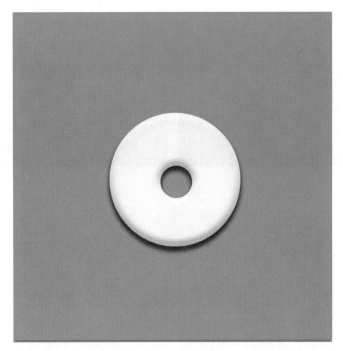

图 3-1-14

图 3-1-22

图4-1-1

去色 阈值

反相 色彩均化

色调分离

图4-1-2

图 4-3-1

图 5-2-1

图 6-1-1

图 6-1-14

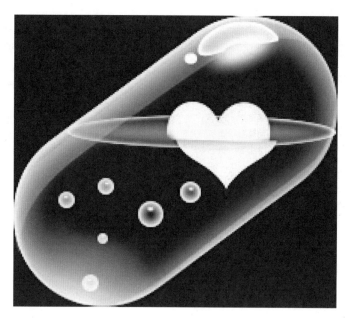

图 6-1-33

图层样式

样式	内发光

结构

混合模式(B): 滤色

不透明度(O): 20 %

杂色(N): 0 %

图素

方法(Q): 柔和

源: ○ 居中(E)　● 边缘(G)

阻塞(C): 0 %

大小(S): 57 像素

品质

等高线: □ 消除锯齿(L)

范围(R): 50 %

抖动(J): 0 %

样式
混合选项:默认
□ 斜面和浮雕
　□ 等高线
　□ 纹理
□ 描边
□ 内阴影
☑ 内发光
□ 光泽
□ 颜色叠加
□ 渐变叠加
□ 图案叠加
□ 外发光
□ 投影

确定
复位
新建样式(W)...
☑ 预览(V)

设置为默认值　复位为默认值

图 6-1-36

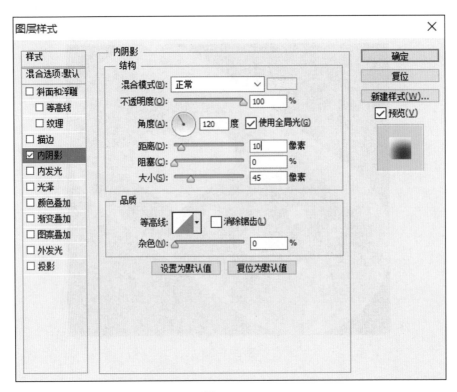

图 6-1-37

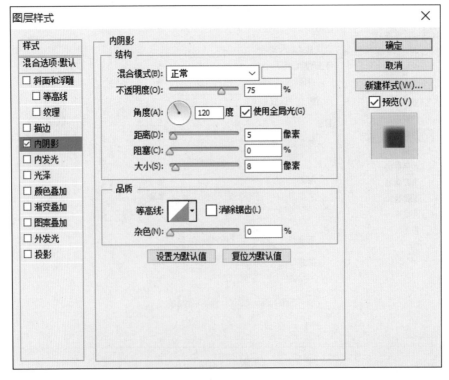

图 6-1-38

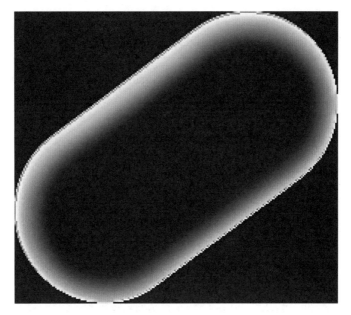

图6-1-39

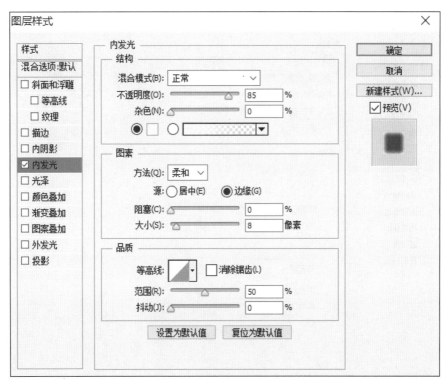

图6-1-40

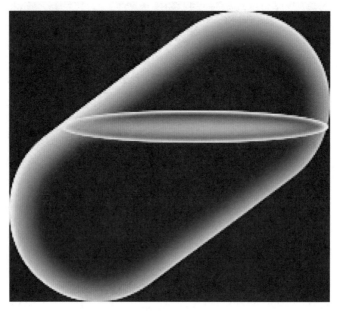

图6-1-41

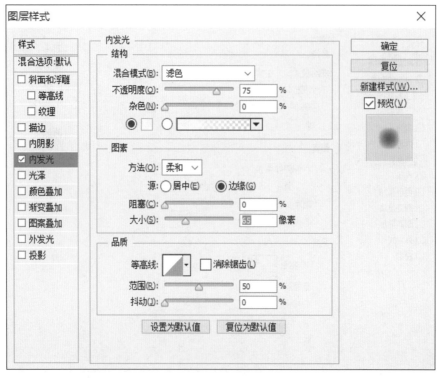

图6-1-42

图6-1-44

图6-1-50

图6-1-54

图6-1-56

图6-1-58

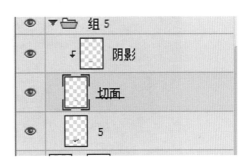

图6-1-62

图 6-1-63

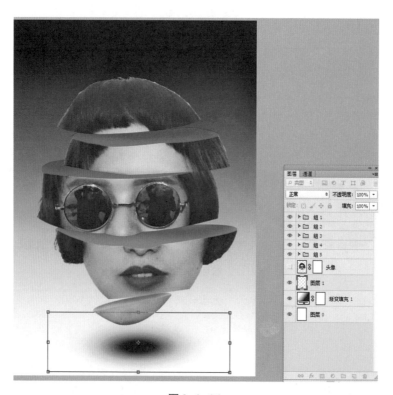

图 6-1-64